선인장
바이블

|

All about CACTUS

파와폰 수파난타나논 · 지음
감수 · Blue Garden

BOOKERS

일러두기

1. 이 책에 수록된 선인장의 이름은 국내 유통명과 학명으로 표기하였다. 경우에 따라서는 한자명과 영어명, 애칭도 수록하였다.
2. 학명은 식물에 대한 정보로 각각 속명과 종소명을 가리키는 두 단어로 이루어져 있다. 선인장의 학명은 새로운 품종이 발견되고 개발이 이루어지면서 항상 변해왔다. 이 책에서는 www.theplantlist.org에 준하여 최신 학명을 사용했다.
3. 국제식물명명규약(ICBN)에 따라 학명은 이탤릭체로 표기하였다.
4. 원예가들에 의해 개발된 품종을 나타내는 재배종은 작은따옴표 안에 기재하였다.
5. 선인장의 변종을 나타내는 금, 석화, 철화는 괄호 안에 기재하되, 괄호가 중복되는 경우에는 각괄호를 사용하였다.
6. 이 책에 등장하는 외래어는 '외래어 표기법'을 따르고 있으나 시중에서 사용되거나 오랜 관행으로 독자의 편의에 부합하는 경우에는 이를 허용하였다.

감수자의 말

제주도와 남해안 일대에서 자생하는 부채선인장의 일종인 백년초와 천년초를 제외하고, 우리나라에서 본격적으로 선인장을 재배한 것은 1970년대 초, 재일교포가 기증한 선인장들을 기반으로 한 남산식물원이 개장하면서부터라고 한다. 하지만 그 이후, 비모란 계통의 접목선인장이 효자 수출품으로 떠오르며 정부의 각종 지원을 독점하게 되었고, 상당히 오랫동안 시장의 구조와 함께 재배농장의 운영행태 또한 왜곡된 채 방치될 수밖에 없었다. 그 결과, 1990년대에 들어서며 포화 상태에 이른 세계 접목선인장 시장에 대한 대응책이 필요한 시점에 이르러서는 정작 국내의 선인장들은 대부분 퇴화되어 모주로 이용하기 힘든 수준이 되고 말았다.

출판인의 한 사람으로서, 그리고 평소 선인장을 포함한 다양한 식물들에 많은 관심을 갖고 있던 나는 태국에서 출판된 이 책을 처음 접하고 수준 높은 전문서의 출간이 가능한 그들의 상황에 대한 부러움과 함께 우리의 열악한 관련서 출간 현황을 떠올리고 큰 아쉬움을 동시에 느끼게 되었다.

이 책에서 사용한 선인장의 이름은 국내에서 일반적으로 통용되는 유통명 또는 '비단선인장' 등에서 사용하는 이름을 참고하였다. 하지만 그 이름의 출처가 일본인지 중국인지를 알기 어려운 경우가 많았고, 또 너무 어려운 한자를 많이 사용하고 있어 이미 한글전용이 일반화된 세대를 상대로는 여러모로 부적절하다는 생각이 끊이지 않았지만, 이 책의 의의는 완결이 아닌 하나의 시작점의 제시라는 것에 생각이 미치게 되었다. 향후 업계 또는 학계가 협력해서 좀 더 실용적이고 아름다운 우리말 품종 목록이 만들어 질 수 있는 계기가 되었으면 한다. 국내에서는 많이 알려지고 보급된 품종들이 이 책에서는 덜 다루어진다는 것도 아쉬운 점 중 하나이다.

아무쪼록 이 책의 출간이 현업의 일선에 계시는 재배자와 판매자 그리고 결국은 모든 것의 근본일 식물애호가 분들에게 기쁨을 드리고 작은 도움이 될 수 있기를 희망한다.

2019. 3
Blue Garden

저자의 말

선인장에 입문했던 시절, 나는 '이 선인장의 이름은 무엇일까?', '같은 종류의 식물인데도 왜 이렇게 극단적으로 다른 모습을 하고 있는 걸까?' 라며 신기함을 느꼈다. 하지만 당시에는 그 의문들을 해결해 줄만한 책이 단 한 권도 없었다.

그때부터 나는 지속적으로 정보를 수집하고 많은 선인장들을 직접 봐왔다. 진기한 선인장도, 일반적인 선인장들도 있었지만, 다양한 선인장들의 특이함에 갈수록 사로잡혔다. 그리하여 마침내 이 책의 제작을 시작하기로 결정했다. 나에게는 목표가 있었다. 선인장 애호가들이 많은 태국에서 그 선인장들의 사진을 기록으로 남기고, 선인장에 흥미가 있는 사람들이 가장 먼저 참고할 수 있을만한 전문서를 저술하고 싶었다. 나는 선인장을 찾아 머릿속에 떠오르는 모든 장소들을 찾아다녔다. 그리고 마음속에서 '모델이 되는 선인장을 조사하는 데 협조를 받을 수 있을 것이다', '독자 분들께 도움이 되도록 할 것이다', '가급적 실수가 없도록 할 것이다', '꿈꿔왔던 대로 책이 만들어 질 것이다', '이 책을 마음속으로 기다려주시는 분이 계실 것이다' 라는 믿음을 가지고 이 책을 저술했다.

이 책은 나 혼자만의 작품이 아니다. 선인장의 재배자들을 비롯해, 이 책을 만드는 데 협조해준 모든 사람들의 공동작품과도 같다.
나의 믿음이 실현될 수 있도록 도와주신 여러분들께 감사드린다.

파와폰 수파난타나논

목차

다양한 종류의 선인장

*작성: Blue Garden

선인장의
모든 것

선인장은 종류와 형태가 매우 다양한 식물이다. 같은 종의 선인장이라도 다양한 번식방법을 거쳐 변이한 재배종은 원형이 거의 남아있지 않을 정도로 그 모습을 바꾸기도 한다. 그렇기 때문에 처음부터 상세한 기록을 남겨둔 재배가가 아니라면 그것이 어떤 종류의 선인장인지 구분하기 어렵다. 이 책에는 다양한 순종과 변종의 선인장을 수록하였고, 종류에 따라서는 차이가 명확한 여러 장의 사진들을 게재하여 그 다양성을 알아볼 수 있게 하였다. 선인장에 대해 조금이라도 흥미가 있는 사람들과 애호가들에게 이 책이 도움이 되었으면 한다. 또한 각종 선인장들의 학명은 식물학자에 의한 연구가 거듭되어 항상 변해왔다. 이 책에서는 여러 식물원들의 온라인 데이터베이스가 된 웹사이트 www.theplantlist.org에 준하여 정확한 최신 학명을 사용하고자 하였다. 그 결과, 몇 가지 선인장들의 명칭은 지금까지 알려진 것과는 다른 것도 있다.

재배종(cultivar)은 작은따옴표 안에 기재하여 원예가들에 의해서 개발된 품종임을 나타냈다. 금(variegated), 석화(monstrose), 철화(cristata)는 괄호 안에 기재하였고, 시장에서 자주 사용되는 것과 같은 'variety' 나 'forma' 를 덧붙인 표기는 하지 않았다. 왜냐하면 그것들은 대부분 재배자의 관례적인 표기방법에서 유래한 것이며, 형태를 과학적으로 설명한 공식적인 자료나 참조할 수 있는 문헌이 아직 없기 때문이다.

칠레의 구아닐로스(Guanillos) 계곡에 보이는
귀신용(鬼神龍, *Copiapoa longistaminea*)

©Ignazio Blando

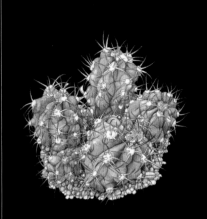

선인장의 화석은 발견되지 않았지만, 오래 전에는 다른 식물들과 마찬가지로 선인장에 잎이 있었던 것으로 추정된다. 그러다가 중생대 후기(Mesozoic)부터 제3기(Tertiary) 초기까지 가혹하고 변동이 심했던 기후로 인해 많은 현화식물들은 멸종을 피하기 위해 진화를 해야 했다.

더위와 건조함에 직면한 어떤 그룹의 식물은 둥근 몸체 안에 장기간 수분을 모아둘 수 있도록 스스로를 변화시켰다. 환경에 적응하기 위해 형상을 바꿨으며, 몸체를 짧게 줄이거나 다른 모습으로 변신하기도 했다. 이 그룹에 해당하는 식물이 바로 '선인장'인 것이다.

선인장의 번식 거점은 미국 대륙이며, 세 부분으로 나눌 수 있다. 첫 번째는 미국 남부에서부터 멕시코에 걸친 지역이며, 이곳은 각종 원주형 선인장(Columnar Cactus)의 대산지(大産地)이다. 두 번째는 페루, 볼리비아, 아르헨티나, 칠레의 안데스 산맥 지대이다. 세 번째는 브라질 동부이다.

이 외에 립살리스(Rhipsalis)속에 해당하는 몇 종의 선인장이 아프리카 대륙의 열대지역에 자생하고 있지만, 이들이 인간이나 새 혹은 동물에 의해 이 땅으로 옮겨져 번식한 것인지, 아니면 원래부터 이 땅을 원산지로 하는지는 알 수 없다.

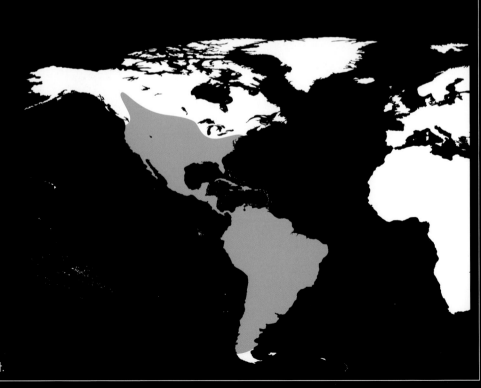

녹색으로 표시된 지역이 선인장의 원산지와 자생지다.

©Ignazio Blando

칠레 노르드 탈탈(Nord Taltal)의 벼랑 끝에 자생하는
흑왕환(黑王丸, *Copiapoa cinerea*)

잘 알려져 있듯이, 선인장은 건조함에 상당히 강한 식물이다. 예를 들면 코피아포아(*Copiapoa*)속의 몇 종은 세계에서 가장 덥고 건조한 사막이라 불리는, 연간 강수량이 불과 1㎜ 밖에 되지 않는 칠레의 아카타마 사막 한가운데에 자생하고 있다. 극도로 건조한 시기에는 식물체의 아랫부분부터 조직 내의 수분을 바싹 마르게 해서 윗부분의 성장을 지속시키면서 우기를 기다리거나 새로운 뿌리를 만드는 종도 있다.

야생 선인장은 사막에서만 자생하는 것으로 생각하기 쉽지만 살아가는 환경의 다양함은 다른 과의 식물들에게 뒤쳐지지 않는다. 예를 들면, 건조림에서 살고 있는 관목 페레스키아 블레오(*Pereskia bleo*), 열대우림의 나무 위 생활에 적응하여 가지의 밑 부분에서 아름다운 꽃을 피우는 에피필룸(*Epiphyllum* spp.)속 착생선인장, 혹은 해안에 자생하는 오푼티아(*Opuntia* spp.)속의 부채선인장들에 이르기까지 매우 다양한 환경에서 자생하고 있다. 선인장들은 극단적으로 다른 환경에 적응하며 현재까지의 기나긴 세월을 살아온 것이다.

카리브해 퀴라소(Curacao) 섬의 해안을 따라 서있는 커다란 기둥 선인장들.
이 일대는 산호조각들로 뒤덮여 있다.

예전에는 미국 대륙에서만 선인장을 볼 수 있었다. 그러나 지구는 돌고, 인간은 다른 나라에서 식물을 번식시키는 역할을 담당하게 되었다. 인간에게 친숙한 오푼티아속, 즉 부채선인장은 성가신 보존 도구를 사용하지 않고도 장기간 보존이 가능하기 때문에 그 옛날 선원들이 종종 비축하는 고급 식량이었다. 이 종에 속하는 선인장이 전 세계로, 특히 태국과 호주, 아프리카, 인도, 남유럽 등 오래 전부터 교역관계가 존재했던 나라에서 야생번식을 하게 된 배경에는 이러한 요인이 작용한다. 후세에 선인장은 고가의 관상식물로서 지구를 반 바퀴 돌았고, 소중히 길러지게 되었다. 상황이 확연히 달라진 것이다.

갈라파고스 제도는 선인장의 진화를 알 수 있는 한 가지 좋은 예이다. 이곳에는 고유종인 부채선인장속이 5종이나 존재하는데, 그것은 오푼티아 갈라파게이아(*Opuntia galapageia*), 오푼티아 헬레리(*Opuntia helleri*), 오푼티아 인수랄리스(*Opuntia insularis*), 오푼티아 메가스페르마(*Opuntia megasperma*), 오푼티아 삭시콜라(*Opuntia saxicola*)이다. 중요한 점은 이 선인장들이 각각 독자적인 진화를 이루었고, 실로 다양한 변종으로 분화되어 있다는 것이다. 현재까지 식물학자들에 의해 품종이 개량된 교배종과 재배종을 포함하지 않는 188속 1,200종 이상의 야생종이 발견되었으며, 놀랍게도 신종의 발견도 계속해서 보고되고 있다.

남미 대륙 에콰도르에 위치한 갈라파고스 제도.
찰스 다윈은 이곳에서 환경에 적응한 수많은 경이로운 고유종의 동식물들을 관찰하였고, 진화론의 영감을 받았다.

© 팡타콘 시라자아라나이

칠레 블랑코 엔칼라다(Blanco Encalada)에 자생하는 태양환(太陽丸, *Copiapoa solaris*).
희소 종이자 멸종위기종 중 하나이다.

© Ignazio Blando

©랏타폰 시리지아라나이

페루 남부에서부터 칠레 북부에 걸쳐 살고 있는 거목 청동룡(靑銅龍, *Browningia candelaris*)이며,
오래 성장하면 크기가 6m나 된다. 속의 이름은 칠레 산티아고 시에 위치한 영어센터의 전 소장,
브라우닝(W. E. Browing)에게 경의를 표하여 명명되었다. 극히 희소한 종 중 하나다.

일반적인 형태

선인장은 선인장과의 쌍떡잎식물로 능을 따라 형성된 가시가 나는 장소인 '가시자리(areole)'에 특징이 존재한다. 유포르비아(*Euphorbiaceae*)과에 속하는 많은 다육식물들을 닮았지만, 꽃에 차이가 있다. 유포르비아과 식물의 꽃은 꽃받침조각과 꽃잎이 없으며, 씨방이 가장 윗부분에 있다. 또한 몸체의 일부가 꺾이면 진한 독성이 있는 흰색의 수액이 흘러나온다.

선인장의 각 부위

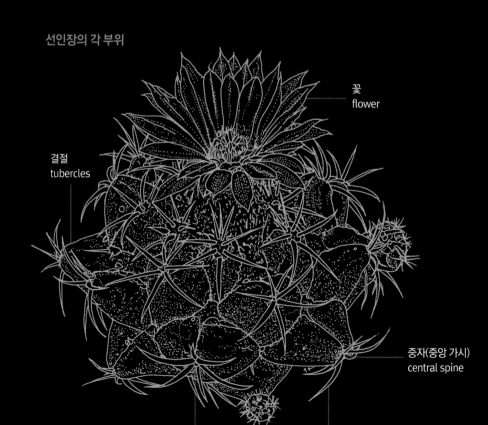

꽃
flower

결절
tubercles

중자(중앙 가시)
central spine

줄기

꽤 굵다. 표면은 평평하면서 미끄럽고 왁스로 코팅을 한 듯 윤기가 나며 내부에 물을 모아두는 역할을 한다. 긴 통 모양인 것, 외대(單幹)인 것, 가지를 성장시켜 분지한 것, 능 모양의 울퉁불퉁한 돌기가 있는 것 등 여러 가지가 있다. 튀어나온 부분 하나하나마다 뚜렷하게 솟아오른 결절이 있으며, 잎과 같은 형태를 띤 것이나 가시가 없는 막대 모양의 결절이 존재하는 종도 있다. 외대이면서 구형으로 자라는 것, 자구를 만드는 것, 크기가 몇 cm에도 못 미치는 작은 것부터 10m에 이르는 큰 것도 있다. 머리가 하나로 자랄지 혹은 여러 개의 머리를 갖는 군생체가 될지는 야생에서의 생육 환경과 각각의 종의 진화 상황에 따라 다르다.

잎

선인장은 건조한 기후의 원산지에서 살아갈 수 있도록 스스로 진화했다. 수분의 증발을 막기 위해 날카로운 가시상태가 되도록 잎의 형태를 작게 만드는 것이다. 존재하는 것은 길게 뻗은 실제 잎처럼 보이는 결절뿐이다. 그러나 페레스키아(*Pereskia*)속과 페레스키옵시스(*Pereskiopsis*)속만은 예외인데, 공기 중의 수분을 흡수하여 모아두는 역할을 하는 실제 잎을 가지고 있다.

가시

'가시'와 '선인장'은 짝을 이룬다. 그렇기 때문에 모든 선인장에는 가시가 있을 것이라 생각하기 쉽지만, 아스트로피툼(*Astrophytum*)속과 로포포라(*Lophophora*)속의 일부처럼 가시가 없는 속도 많이 존재한다.

선인장의 가시는 두 부분으로 나눌 수 있다. 가장 중앙에 있는 중앙 가시(central spine)와 그 주위를 에워싸는 주변 가시(radial spine)가 그것으로, 결절의 끝부분에 돋아난다. 중앙 가시뿐인 것, 주변 가시뿐인 것, 혹은 양쪽 모두가 없는 선인장도 있다. 가시의 색은 흰색, 빨간색, 주황색, 노란색 등 종류에 따라 다양하며, 햇빛의 양과 재배 방법에 따라 색이 변하는 경우가 있다.

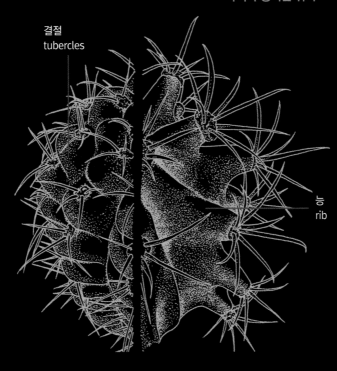

가시가 생기는 위치

결절
tubercles

능
rib

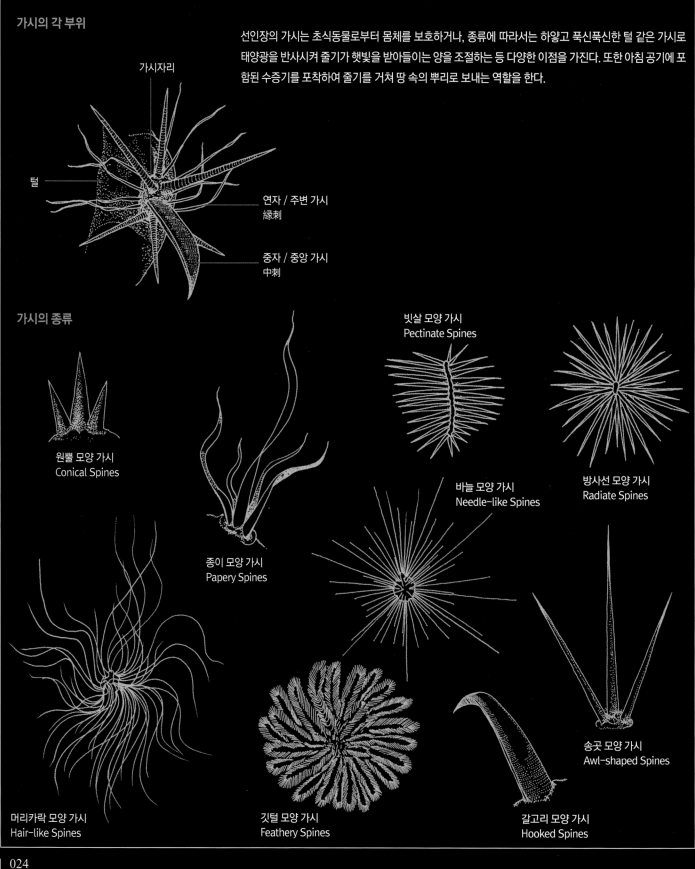

가시의 각 부위

선인장의 가시는 초식동물로부터 몸체를 보호하거나, 종류에 따라서는 하얗고 푹신푹신한 털 같은 가시로 태양광을 반사시켜 줄기가 햇빛을 받아들이는 양을 조절하는 등 다양한 이점을 가진다. 또한 아침 공기에 포함된 수증기를 포착하여 줄기를 거쳐 땅 속의 뿌리로 보내는 역할을 한다.

가시자리

털

연자 / 주변 가시
緣刺

중자 / 중앙 가시
中刺

가시의 종류

원뿔 모양 가시
Conical Spines

종이 모양 가시
Papery Spines

빗살 모양 가시
Pectinate Spines

방사선 모양 가시
Radiate Spines

바늘 모양 가시
Needle-like Spines

송곳 모양 가시
Awl-shaped Spines

머리카락 모양 가시
Hair-like Spines

깃털 모양 가시
Feathery Spines

갈고리 모양 가시
Hooked Spines

꽃

선인장은 정수리 근처에서 꽃을 피운다. 혹겨드랑이, 가시자리의 끝부분 혹은 가시자리에서 개화하는 것, 멜로칵투스(*Melocactus*)속과 디스코칵투스(*Discocactus*)속처럼 꽃자리(cephlaium)로 불리는 정수리의 털 다발에서 개화하는 것도 있다.

꽃은 양성화(兩性花)이며, 중앙에 위치한 암술의 주위를 수술이 둘러싸고 있다. 대부분은 꽃자루가 없으며, 깔때기 모양(funnel-shaped), 종 모양(bell-shaped), 접시 모양(dish-like), 관 모양(tubular)등 다양한 형태가 존재한다. 꽃잎의 색도 보라색, 노란색, 분홍색, 빨간색, 흰색, 크림색 등으로 다채롭다. 꽃의 타입에 따라 분류한다면, 방사대칭 모양(actinomorphic)과 좌우대칭 모양(zygomorphic) 두 종류로 나눌 수 있다.

개화일수가 불과 하루인 것도 있는 반면, 날씨에 따라 2~4일 동안 꽃을 피우는 것도 있다. 낮에 꽃을 피우는 것, 밤에 피우는 것, 박쥐와 나비, 새나 곤충을 유인하여 가루받이 하는 향을 내는 종도 있다.

혹겨드랑이에서 개화

꽃자리에서 개화

가시자리 근처에서 개화

가시자리 위에서 개화

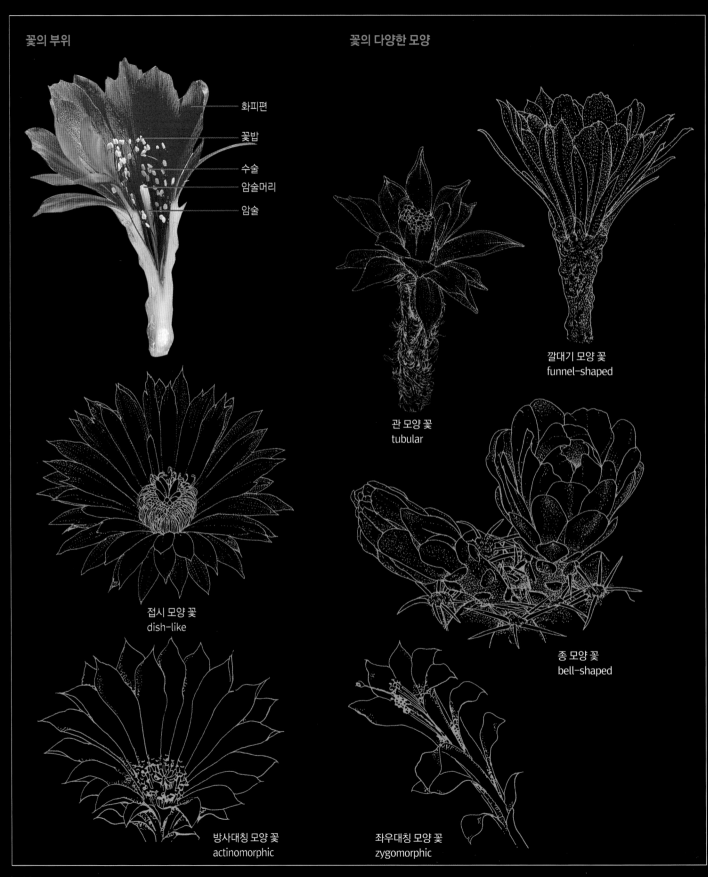

꽃의 부위

화피편
꽃밥
수술
암술머리
암술

꽃의 다양한 모양

관 모양 꽃
tubular

깔대기 모양 꽃
funnel-shaped

접시 모양 꽃
dish-like

종 모양 꽃
bell-shaped

방사대칭 모양 꽃
actinomorphic

좌우대칭 모양 꽃
zygomorphic

열매와 종자

씨앗은 많고 열매는 부드러우며, 타원형 또는 구형을 띤다. 표면은 평평하며 매끄럽고 윤기가 있는 것, 털이나 날카로운 바늘로 덮인 것 등이 있다. 속에는 부드럽고 투명한 과육과 씨앗으로 채워져 있으며, 익으면 변색되어 터지며 갈라진다. 피타야(*Hylocereus undatus*)와 용신목(*Myrtillocactus geometrizans*), 사구아로(*Carnegiea gigantea*), 오푼티아(*Opuntia* spp.)의 열매처럼 두툼하며 인간이 식용으로 이용하는 것 외에, 동물에게 섭취되는 과정을 통해 종자를 퍼트리는 것도 있다.

오늘날처럼 인기 있는 관상식물이 되기 전, 선인장은 대부분 원산지에서 온 것들뿐이었으며, 16세기 이후 야생 동식물들과 마찬가지로 화폐나 다른 귀중품을 대체하는 물건으로 사용되었다. 선인장이 유럽에 전해지자 이것은 고가의 희소한 물품이 되었고, 선인장을 소유할 수 있었던 사람은 부유한 상류계급과 왕족뿐이었다. 따라서 선인장의 종자번식을 시도하게 되었는데, 선인장에 대한 정보가 한정적이었을 뿐만 아니라 자생지에 접근하는 것이 어려웠기 때문에, 번식시킬 수 있었던 선인장의 대부분은 자가수분이 가능하며, 번식이 어렵지 않은 종류인 것들이었다.

선인장은 상류계급 사이에 보급되었지만, 17~18세기 이후에는 네덜란드의 호르투스 보타니쿠스(Hortus Botanicus)나 영국의 큐 왕립식물원(Royal Botanic Garden Kew), 스페인의 마드리드 왕립식물원(Real Jardin Botanico de Madrid) 등 각지의 식물원에서 살아있는 식물의 표본으로 재배되었다. 이러한 시설에서는 직원을 지구의 반대편으로 보내 식물의 조사와 수집을 시행했고, 준비해둔 하우스 안에서 보존과 연구를 실시했다. 19세기가 되자, 수출과 판매를 목적으로 한 선인장 재배원을 경영하는데 본격적으로 나서는 사람이 나타나는 한편, 자생지에서 멸종하는 것을 막기 위해 희귀종에 해당하는 선인장의 채집과 수출량에 법적인 규제가 생기게 되었다. 그 결과, 많은 종묘장에서는 시장의 수요가 존재하면서도 보호할 가치가 있는 종류의 선인장을 재배하게 되었고, 많은 종류의 선인장들이 야생종보다 몇 배는 더 입수하기 쉬워졌으며, 또한 어디에서든 존재하는 식물이 되었다.

일반적으로 서양인은 야생의 원종 선인장을 수집하는 것을 선호하며, 다른 종류나 다른 유전자와의 교접을 시키지 않고 순종을 보존하려 한다. 한편, 일본인은 품종개량을 통해 원종과는 전혀 다른 특이한 형태의 선인장을 가지려 하며, 이종 간 교배와 선발을 통해 원하는 형태를 손에 넣는다. 많은 품종들은 오랜 시간동안 인간에 의해 선발을 거쳐 만들어진 작품이며, 그 예로, 현재에는 선조와 분명히 다른 모습을 가지게 된 별선인장(*Astrophytum asterias*)의 많은 종들을 볼 수 있다.

별선인장(*Astrophytum asterias*)

태국에서 관상식물로 선인장을 재배하기 시작한 것은 1937년경이지만, 그 당시에는 아직 전문적인 수집가들 사이에서만 행해졌다. 선인장을 취급하는 숍도 현재처럼 많지 않았으며, 외국에서 들어온 종자를 스스로 파종하여 키워야만 했다. 시간이 흘러 선인장의 인기가 높아지자, 긴 세월동안 키워온 선인장에서 종자를 채취할 수 있게 된 것과 더불어 선인장 재배는 많은 가족들에게 새로운 비즈니스가 되었다. 본격적으로 재배와 번식을 시키고, 교배와 실생을 통해 모종을 판매하는 업자도 생겨났다. 그 결과 많은 종류의 선인장들은 이제 외국에서 수입할 필요가 없어졌다.

현재, 많은 재배가들은 개개인의 역량에 따라 순종부터 교배종까지 다양한 타입의 선인장을 수집하고 있다. 오늘날 우리들은 품종개량에 뛰어난 많은 육종가들에 의해 만들어진 아름답고도 많은 자손들을 보게 된 것이다. 이러한 육종가들이 선인장 업계 발전을 견인하는 큰 힘이 되었다.

돌연변이 유전자가 만들어낸 귀중한 변이, 철화(綴化)

일반적인 선인장들은 각기 고유의 형태로 성장을 하게 되지만, 병충해 또는 상처 등의 이유 혹은 인위적으로 유도된 결과로 인해 생장점에 변이가 발생하는 경우가 있다. 이 경우 선인장들은 고유의 형태로 자라지 않고 띠모양이거나 부채꼴 등의 다양하고 기묘한 형태로 성장하는 모습을 보이게 되는데, 이를 통칭하여 '철화(綴化)'라고 부른다. 철화된 모습이 닭의 벼슬을 연상시킨다고 하여 영어로는 'crested', 학술적으로는 'cristata'로 칭해진다.

이외에도, 철화의 발현은 꽃이나 뿌리 등 다른 부위에도 일어날 수 있다. 가시가 폭넓게 자라나 원래보다도 명확하게 길이가 늘어난 경우도 그중 하나이다.

철화 선인장의 꽃은 대부분의 경우 정상적인 모습이다.

정상적인 줄기를 가진 선인장도 드물게 철화된 형태의 꽃을 피운다.

철화의 형태를 띤 선인장 연구는 백여 년 이전부터 본격적으로 실시되어 새로운 이름이 붙여지기도 했다. 그러나 최종적으로는 선발된 '재배종'으로서만 취급되었다.

근거가 되는 기록을 언급한다면, 오래된 서류 외에 철화 선인장에 대해 진지하게 논했던 1938년의 출간 서적 『다육식물의 석화와 철화의 기원에 관한 수수께끼』가 있다. 또한 1959년에는 224종에 달하는 철화 선인장의 명칭을 수집한 사람도 있었다.

이러한 철화 선인장은 여러 가지 방법으로 번식시킬 수 있다. 정상적인 선인장과 마찬가지로 실생을 통해 재배하는 것도 가능하지만, 새롭게 얻은 자구가 모주와 동일한 형태로 된다고 보장할 수가 없다. 또한 철화가 나올 확률은 상당히 낮아서 몇 천분의 일 또는 몇 백분의 일 확률인 '우연'일 뿐이다. 중요한 것은 이렇게 변이한 선인장에는 가시부터 줄기 모양에 이르는 폭넓은 형태의 차이가 존재하며, 단 하나도 동일한 것이 없다는 점이다. 철화의 특징을 띠는 선인장은 어린 모종일 때부터 식별이 가능하지만, 성장 한계에 도달한 후에 변이를 일으키는 선인장 혹은 오래된 생장점이 파괴되어 변이를 일으키는 선인장들도 많이 있다. 이러한 철화 형태를 띠는 선인장은 좀처럼 보기 힘든 희소한 것이기 때문에, 그 가치를 아는 사람의 수중에 있다면, 비싼 값이 매겨진다.

접목을 통한 재배 외에도, 자구를 떼어 내어 대목에 잇는 '접목'을 통해, 접가지의 모습이 모주와 같도록 만드는 방법도 자주 실시된다. 그러나 새롭게 얻은 형질이 격세유전되거나, 격세유전이 된 후에 재차 변이를 일으키거나 하는 경우도 있다.

『다육식물의 석화와 철화의 기원에 관한 수수께끼』
The Enigma of the Origin of Monstruosity and Cristation in Succulent Plants

자연적으로 철화한 귀신용(*Copiapoa longistaminea*)

이 디스코칵투스(*Discocactus* sp.)의 가시는 연속적인 형태로 소용돌이 치고 있다. 태국인이 쓴 『크리스 가시/철화 가시』라는 책에서는 이를 블렌더 신드롬(Blender Syndrome)이라 칭하기도 하며, 석화(monstrose)의 일종으로 보는 견해를 가진 전문가도 있다.

금(錦)이 든 선인장 이야기

금이 든 선인장을 좋아하게 된 역사는 오래 전부터 시작되었으며, 17세기에는 보퍼트 백작부인이 이 종류들을 수집했다는 기록이 남아있다. 아시아에서는 일본인들이 처음 인위적으로 만들기 시작했으며, 그 열광은 오늘날까지 이어진다.

금이 든다는 것은 식물세포 중 광합성에 작용하는 색소인 클로로필의 일부 또는 전부가 결여된 결과로 분홍색이나 흰색, 노란색, 주황색, 빨간색 등의 다른 색소가 현저하게 나타나는 원리로 만들어진다. 나타나는 금의 색상은 선인장의 종류별로 식물세포 내에 포함된 색소에 의해 결정된다. 예를 들어, 카로티노이드가 들어있다면 연노랑색으로, 안토시아닌이 들어있다면 적자색이 된다.

녹색을 전혀 남기지 않은 형태로 바뀐 선인장은 자력으로 생존할 수 없다. 그래서 다른 종류의 선인장 대목에 금이 든 선인장을 접목시키는 그래프팅(grafting)을 하여 대목에서 보내지는 양분을 통해 금이 든 선인장이 정상적으로 자랄 수 있도록 한다. 비모란(*Gymnocalycium mihanovichii* `Hibotan`)이 바로 이를 쉽게 알 수 있는 예시이다.

구름선인장(금)
Melocactus harlowii (variegated)

비모란(緋牡丹)과 같이 조직 중에 엽록소를 가지지 못한 금이 든 선인장은 대목을 쓰기 전에는 양분을 얻거나 광합성을 스스로 할 수 없다.

이러한 이유로 금이 든 선인장은 대부분 튼튼하지 않고, 정상적인 개체에 비해 병에 걸리기 쉽다. 그렇기 때문에 잘 보살펴주지 않으면 죽거나 멸종하는 유감스러운 결과를 얻게 될지도 모른다. 예를 들면 픽투스 (*Hylocereus undatus* 'Pictus')는 황금색과 녹색이 자아내는 색채의 아름다움 덕분에 유럽인들에게 사랑받았지만, 세계 대전 중에 멸종해 버렸다는 기록이 있다.

금이 든 선인장은 그 매력으로 인해 시장에서 수요가 높고, 희소하므로 값이 비싼 경우가 많다. 변이가 나타난 지 얼마 되지 않은 시기의 금이 든 선인장에는 터무니없는 값이 매겨지기도 하며, 몇 십만 혹은 몇 백만원이라는 금액으로 뛰어오르는 선인장도 있다. 이러한 현상을 보며 선인장 재배 초보자는 어떠한 금이 들어간 선인장을 골라야 할 지 고민하겠지만, 선인장 재배에 정해진 규칙이란 딱히 존재하지 않는다. 전체적으로 금이 흩어져 있는 것보다는 노란색과 녹색이 절반씩 섞인 것이 아름답다. 그러나 일반적인 품평기준상, 국제기준으로 평가되는 것은 치우침 없이 균일하게 금이 들어간 선인장이다.

실생번식의 경우, 금이 들어간 개체가 전혀 그렇지 않은 개체와 비교해서 금이 들어간 자구를 만들어낼 확률이 높다. 어린 유묘일 때는 보통의 선인장이었지만 성장하면서 차차 금이 들게 되는 경우도 있다. 어쨌든 금이 든 상태는 항상 변이하는 것이다. 햇빛이나 비료, 양분 등 많은 요소에 의해 모양이 변화하기도 하며, 전신이 녹색으로 돌아가 버리는 경우 또한 있다.

픽투스
Hylocereus undatus 'Pictus'

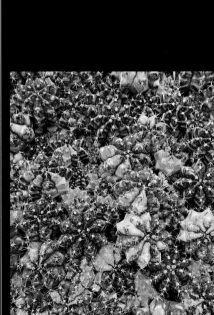

금이 들어있는 모주에서 태어난 자구라도 금이 발생하지 않는 경우도 있으며, 그 확률은 항상 일정하지는 않다.

석화나 철화가 일어나거나 금이 들어 있는 선인장들은 일반개체에 비해 번식과 재배가 다소 어려운 편이다.

'부분 금' 이란 금이 전체적으로 들어 있지 않은 상태를 말하며, 이런 개체를 오히려 선호하는 사람들도 많다.

선인장은 수술과 암술의 수분으로 발생하는 유성생식 외에 무성생식을 통한 이종교배도 가능하다. 접가지의 세포를 대목에 접합하는 것만으로 변이가 일어나며, 접합해둔 접가지에 모주와는 다른 형태가 발생한다. 이렇게 탄생한 개체를 '키메라'라 부른다. 키메라는 그리스 신화에 등장하는 괴물이며, 여러 동물들의 특징을 띤다는 이름의 의미처럼 두 개체가 세포융합을 하여 모주와는 다른 새로운 개체가 탄생하게 되는 것이다.

변이한 새로운 선인장은 특이한 모습을 하고 있으며, 크건 작건 대목과 접가지가 합쳐진 형태를 띤다. 비모란(*Gymnocalycium mihanovichii* 'Red Hibotan')과 힐로케레우스(*Hylocereus* sp.)와의 이속 간 교배로 탄생되는 무지개 용(+*Hylogymnocalycium* 'Singular', Rainbow Dragon)이나, 비모란(*Gymnocalycium mihanovichii* 'Red Hibotan')과 코칼(*Myrtillocacuts cochal*)과의 합체로 탄생한 폴립(+*Myrtillocolycium* 'Polyp') 같은 이속 간 교배종 등이 그 예이다. 또한 아리오카르푸스 에키놉시스(*Ariocarpus echinopsis*)처럼 모주인 암목단(*Ariocarpus retusus*)과 단모환(*Echinopsis eyriesii*) 양쪽 개체의 형태를 절반씩 갖는 것도 있다.

이 방법으로 교배종을 만드는 것은 어려우며, 대부분은 우연히 탄생된다. 대량의 접목 번식을 실시하는 대규모 종묘장이라면, 변이된 개체를 얻을 수 있는 기회는 그에 상응하겠지만, 그것도 몇 차례에 불과하다. 현재로서는 안정적인 키메라를 만드는데 성공한 사람은 단 한명도 없다.

키메라 형태를 띤 많은 식물들은 정상적으로 성장하여 꽃을 피울 수 있다. 그러나 품종개량을 통해 키메라의 차세대 교배 모종을 얻었다는 예는 아직까지 없다. 그렇기 때문에 이러한 식물이 정상적인 개체와 마찬가지로 유전자 내의 특징을 계승할 수 있을지에 관한 것도, 그리고 만약 흥미롭게도 유전계승이 가능하다면, 탄생한 개체가 어떤 형태를 띠게 될 지에 대해서도 아직 답이 나오지 않았다.

Do you know?

키메라가 출현하면, 대목과 접가지의 이름을 합친 새로운 속의 이름을 붙일 수 있다. 그러나 반드시 재배종명으로만 해야 한다. 또한 변이종은 속의 이름 앞에 +를 붙여서 본래 야생에 존재하는 속이 아니며, 특이하게 탄생된 것임을 알 수 있게 해두는 것이 중요하다.

에키놉시스 '하쿠조'
Echinopsis 'Hakujo'

도무지 이해할 수 없는 기묘한 모습을 하고 있다. 사진처럼 두 타입의 복합체가 되는 경우도 있으며, 이것도 일종의 키메라일 것이라 추측된다.

암목단과 단모환사이의 키메라

Ariocarpus retusus + Echinopsis eyriesii

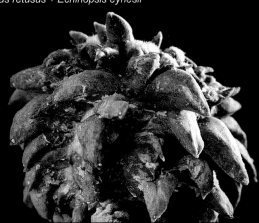

백년각과 비모란과의 키메라인 무지개 용

Hylocereus undatus + Gymnocalycium mihanovichii 'Red Hibotan'

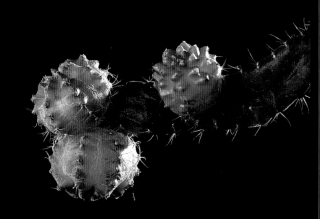

스테노고니아

Stenogonia sp. + *Obregonia denegrii*

폴립

Myrtillocacuts cochal + Gymnocalycium mihanovichii 'Red Hibotan'

기록된 키메라 목록

....

Ariocarpus retusus **+** *Echinopsis eyriesii*

Ariocarpus scaphirostris **+** *Echinopsis* sp.

Ariocarpus scaphirostris **+** *Myrtillocactus geometrizans*

Astrophytum caput-medusae **+** *Ferocactus glaucescens*

Astrophytum caput-medusae **+** *Myrtillocactus geometrizans*

Echinopsis subdenudata **+** *Chamaecereus* sp.

Gymnocalycium mihanovichii var. *fleischerianum* **+** *Echinopsis tubiflora*

Gymnocalycium mihanovichii var. *fleischerianum* **+** *Hylocereus guatamalensis*

+ *Hylocalycium* (*Hylocereus undatus* **+** *Gymnocalycium mihanovichii* 'Red Hibotan')

+ *Myrtillocolycium* 'Polyp' (*Myrtillocacuts cochal* **+** *Gymnocalycium mihanovichii* 'Red Hibotan')

+ *Myrtillocolycium* (*Myrtillocacuts geometrizans* **+** Gymnocalycium 'Red Hibotan')

+ Ortegopuntia 'Percy' (*Ortegocactus macdougalii* **+** *Opuntia compressa*)

+ *Stenogonia* (*Stenocereus* sp. **+** *Obregonia denegrii*)

+ Uebelechinopsis 'Treetopper' (*Uebelmannia* **+** *Echinopsis*)

선인장의 석화(石化) :
그 다양함과 특이함

석화 마밀라리아

석화(石化)는 기묘하다는 의미에서 'Monstrose' 로 표기되며, 보통은 비정상적이며 일반적이지 않은 줄기의 성장형태를 통칭하는 것이다. 마치 암의 종앙덩어리처럼 보이기도 하고, 기암괴석과도 같은 울퉁불퉁한 몸체를 갖게 되는 경우도 많아서 돌처럼 변한다는 의미의 석화라는 이름으로 불렸는데, 어떤 면에서는 상상 속 여러 동물들의 형태를 연상시키기도 한다. 국내에서는 종종 철화(綴化)와 혼용되기도 하는 선인장의 석화현상은 기록에 의하면 이미 약 200여 년 전부터 사람들의 관심을 받고 있었다. 하지만 이러한 변이가 생기는 발생요인에 대한 본격적인 연구는 현재로서는 아직 제대로 이루어지지 않고 있다.

석화현상이 발생한 개체에서는 몸체를 구성하는 부위 중 어느 한군데가 부족하게 되어 기묘한 형태로 자라나게 된 후, 줄기가 복잡하게 뒤틀어지게 되지만 그 변이의 방향은 예측이 불가능하다. 그리고 이렇게 생겨난 각 개체의 새로운 특이점들은 드물게 격세유전되기도 한다.

선인장의 석화는 몇 가지 유형으로 분류하는 것도 가능한데, 그 중 하나가 '증식'으로 불리는 형태이다. 부채선인장이나 난봉옥(Astrophytum myriostigma)의 일부에서 자주 발견되듯이, 모주에서 동일한 모습을 한 여러 덩어리나 자구가 마디에서 겹겹이 솟아나 균형 잡힌 모습을 이루는 것이 바로 이 형태이다.

석화현상이 생겨난 선인장도 대부분 정상적으로 꽃과 열매를 맺고 종자를 남기지만, 간혹 꽃은 피우지 않는 개체도 있다. 또한 같은 종자에서 자란 모든 개체들이 동일한 형질을 갖는다고도 할 수 없으며 일부에서는 석화현상이 더 심해지거나 오히려 정상으로 되돌아가는 경우도 있다.

이러한 모든 형상은 자연발생적이며, 야생에서도 생존이 가능하고 병충해에도 강하다. 이는 원산지에 보이는 석화 선인장이 정상적으로 살고 있다는 점을 봐도 분명히 알 수 있다. 그리고 수집가들은 이러한 선인장을 한 번이라도 보기 위해 현지로 발걸음을 옮긴 후, 그 중 일부를 가지고 돌아와서 자신의 컬렉션에 추가하는 것이다. 동일한 한 종류의 식물에 있어서도 석화, 철화 등 여러 형태의 변이 때문에 실로 변화무쌍한 다양한 형태가 존재하게 되며, 이러한 다양성 속에 선인장이 갖는 아름다움이 내재되어 있는 것이다.

석화가 일어난 많은 선인장들은 그 원형을 알아보기 어려울 정도로 심하게 변이하기 때문에 원래의 종을 판별하기란 쉬운 일이 아니다. 따라서 내력을 알 수 없는 경우라면 어느 일부분이 격세유전 되는 것을 기다릴 수밖에 없다.

용토

에피필룸(*Epiphyllum*)속과 립살리스(*Rhipsalis*)속, 프세우도립살리스(*Pseudorhipsalis*)속 등의 착생선인장에는 야자의 외피 섬유나 소나무의 수피가 가장 입수하기 쉬운 재배용 자재이다. 베어낸 나무의 줄기에 부착시켜도 좋다. 다른 그룹의 선인장에 적합한 용토는 배양토로, 배합성분이 다르게 여러 가지로 블렌딩 되어있는 것이 선인장 판매점과 농업자재 판매점에서 팔리고 있다. 이것들은 시간과 돈을 들이지 않고도 입수할 수 있기 때문에, 재배하는 선인장의 수가 별로 많지 않은 재배가에게 적합하다. 그러나 대량으로 사용할 경우에는 재배자의 취향에 맞는 성질의 흙을 얻을 수 있고, 비용도 절감할 수 있도록 자가배합을 하는 것이 좋을 것이다.

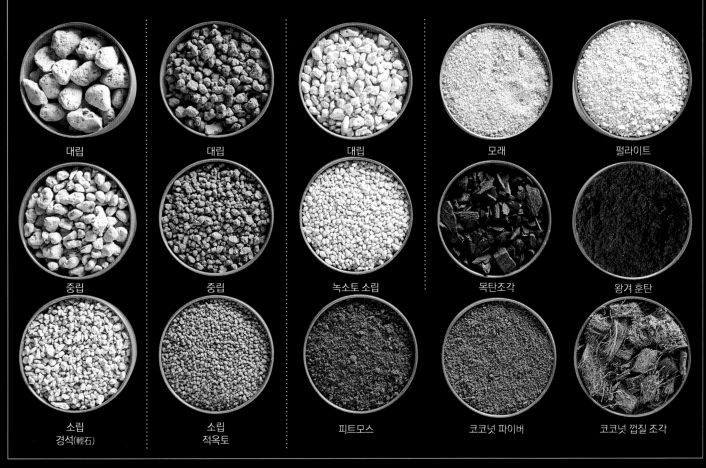

대립	대립	대립	모래	펄라이트
중립	중립	녹소토 소립	목탄조각	왕겨 훈탄
소립 경석(輕石)	소립 적옥토	피트모스	코코넛 파이버	코코넛 껍질 조각

선인장을 재배하는 흙은 통기성과 배수성이 뛰어나고, 양분이 듬뿍 포함된 것이 좋다. 과다한 습기와 물이 고이는 것을 피한다면 뿌리는 사방으로 퍼지듯 성장하며 양분을 최대한 흡수할 수 있다. 흙 이외에도 아래와 같은 기본 재료들이 자주 사용된다.

경석

퍼미스 또는 용암석이다. 다공질이고 경량이므로 물에 잘 뜨고 통기성이 좋다. 배수성을 높이며, 용토 내의 공기를 순환시키기 위해 사용한다. 용도에 따라 여러 가지 크기를 고른다.

피트모스

퇴적된 물이끼의 잔해가 부식되어 검은 가루 모양이 된 것이다. 실생재배나 다른 재배용 자재와의 혼합에 곧잘 사용된다. 보수성(保水性)이 뛰어나며, 많은 양분을 포함한다. 외국에서 수입되어 일반적인 흙보다 비싸다.

펄라이트

천연 화산암을 고열로 소성한 것이다. 가볍고, 용토가 장시간동안 수분을 머금지만, 수분 증발이 빠르기 때문에 흙의 통기성을 높인다.
여러 가지 크기의 것들이 판매되고 있지만, 수입품이기 때문에 비싸다.

목탄 조각

나무를 고열로 태운 것으로, 흙의 배수성과 통기성을 높이기 위해 사용된다. 가격이 싸고 오랫동안 사용이 가능하다는 점에서 우수하다.

코코넛 껍질 조각

입수하기 쉽고, 꺾꽂이 모종의 화분 바닥에 까는 경우가 많다. 배수성을 좋게 하지만, 썩어서 화분 아래를 축축하게 하며, 물 빠짐을 나쁘게 하기 때문에 매년 교환할 필요가 있다.

코코넛 파이버

수분을 흡수하여 용토의 배수성을 높인다. 땅 속에서 뒤엉키지도 않는다. 입수하기도 쉽고 가격도 저렴하지만 양분이 없다.

왕겨 훈탄

용토의 통기성과 배수성을 높인다.

적옥토

양분을 함유하지 않기 때문에 식물의 성장을 완만하게 하며, 이로 인해 아름다운 형태를 얻을 수 있다는 이유에서 원래 분재용으로 사용되던 것이다. 흙의 표면을 장식하는 마감용으로 사용되기도 한다. 배수성이 좋기 때문에 선인장 재배에도 사용된다.

성장속도는 느리게 만들지만, 분재와 마찬가지로 아름다운 형태를 얻을 수 있으므로 다른 재배용 재료와 섞어 사용하는 사람들이 많다. 입자의 크기에는 3종류가 있으며, 작은 돌 대신 흙의 표면에 까는 사람도 있다. 이 외에 '녹소토'라 불리는 것도 있으며, 선인장의 성장을 촉진시키기 위한 양분이 흙의 입자에 첨가되어 있다.

흙을 우수하게 섞는 종류는 얼마든지 존재한다. 각각의 종류에 알맞은 다양한 배합비율이 존재하며, 정해져 있는 것은 아니다. 재배자는 선인장의 변화를 잘 관찰하며, 자신만의 방법으로 개별 선인장에게 가장 좋은 결과를 이끌어낼 수 있도록 조정해야 한다.

선인장을 심는 법

원하는 용기와 용토가 갖춰졌다면, 아래의 순서대로 선인장을 심는다.

1. 화분 조각, 스티로폼 또는 경석으로 화분 바닥의 구멍을 막아 흙이 유출되지 않게 한다. 단, 물이 빠져나가도록 여유는 남겨둔다.
2. 화분의 1/3~1/4 깊이까지 경석을 넣고 나서 준비한 용토를 넣는다.
3. 심고자 하는 선인장을 화분에 넣고 위치를 정한 후, 뿌리를 흙으로 덮어 묻는다.
4. 작은 돌과 적옥토를 표면에 깐다.
5. 물로 적신 후, 반나절 정도 해가 드는 곳에 둔다. 새롭게 발아한 것이 확인되면, 더욱 햇빛이 잘 드는 곳으로 옮긴다.

화분

형태나 디자인만으로 화분을 고르게 되지만, 재배에 적합한 것을 선택해야 할 필요가 있다. 우선 검토해야 할 것은 배수성과 통기성이다. 유약을 바른 도기 화분은 공기를 통과시키지 않아 물러지기 쉽고, 이러한 이유로 물을 주기도 어렵기 때문에 선인장용 화분을 고를 때는 피해야 한다. 화분은 식물의 크기보다 너무 크지 않은 것이 좋다. 너무 큰 화분은 용토에 필요 이상의 수분을 고이게 하여 성장에 영향을 미치기 쉽다.

선인장에 적합한 화분에는 두 종류가 있다. 첫 번째는 테라코타 화분, 즉 유약을 바르지 않은 도기 화분으로 플라스틱 화분보다도 배수성이 높다. 물을 주는 빈도가 높고 통기성이 좋은 화분을 원할 경우에는 이러한 화분이 적합하다. 단, 무겁고 깨지기 쉬우

며 값이 비싸다는 난점도 있다.

두 번째는 플라스틱 화분이다. 도기 화분만큼 배수성과 통기성이 좋지 않기 때문에 그만큼 용토가 장시간동안 수분을 머금으며, 물을 줄 시간이 충분하지 않은 사람이나, 게으른사람, 물을 선호하는 종류의 선인장에 적합하다. 뿌리가 화분의 표면에 붙지도 않으며, 가격도 저렴하다. 비용을 절감할 수 있기 때문에 대량 재배에 적합하다. 중요한 점은 화분의 종류가 다를 경우 수분이 증발하는 정도도 달라지기 때문에, 동일한 종류의 화분을 사용하면 식물들을 돌보기가 그만큼 더 쉬워진다는 것이다. 이 점은 항상 염두에 두는 편이 좋을 것이다.

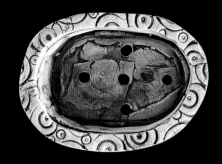

TIP

분갈이 테크닉

선인장이 커져서 화분이 비좁아지기 시작했다면, 계속 성장할 수 있도록 분갈이를 해준다. 복잡한 순서는 없지만, 대부분의 선인장에는 가시가 있기 때문에 일반적인 식물에 비해 충분한 주의가 필요하다.

간단한 방법은 손가락을 가시에 찔리지 않도록 선인장을 천이나 신문지로 감싸고, 조금씩 화분을 두드려가며 선인장을 원래의 화분에서 빼내는 것이다. 가죽장갑이나 두꺼운 포제(布製) 장갑을 사용해도 좋다.

그 후, 준비해둔 용기와 용토 속에 선인장을 뿌리 주변의 흙 째로 넣는다. 새로운 흙에서 보다 더 많은 양분을 흡수할 수 있도록 양분이 적어진 뿌리 주위의 오래된 흙을 일부 제거해도 좋다.

물 주기

선인장은 건조함에 강한 식물이다. 그렇기 때문에 물을 좋아하지 않는다고 생각하기 쉽지만, 실제로는 다른 일반적인 식물들과 마찬가지로 선인장도 물을 필요로 한다. 중요한 포인트는 물을 주는 양에 있다.

선인장에 물을 주는 것은 햇살이 강한 시간대가 아니라면 언제든 좋다. 이는 줄기에 물이 묻어있다면

선인장이 햇볕에 타버리기 쉽기 때문이다. 올바른 물 주기 방법은 한 번에 화분 전체를 적시는 것이다. 4~7일 간격을 두거나 흙이 마르고 난 후 다음 번 물 주기를 한다. 전문가는 눈으로 보거나 화분 바닥의 축축한 상태를 보고 판단한다. 매회의 물 주기는 그때그때의 날씨에 의해 좌우되기 때문에 비구름으로 날이 흐려지는 우기 중에는 물 주기 간격을 두는 편

이 좋으며, 보통 때보다 햇살이 강한 시기에는 간격을 짧게 하면 된다. 실내에서 재배중인 선인장은 수분의 증산을 촉진시키는 바람이나 햇빛을 받지 않는 환경 아래 있기 때문에 물 주기의 빈도는 실외에서 재배하는 선인장보다 적어도 괜찮다.

TIP

....

물을 주는 시기를 판단하는 방법
흙 위에 가느다란 막대를 꽂고, 잠시 후에 뽑아본다. 막대가 말라있다면 물을 줄 필요가 있지만, 막대가 젖어있다면 용토에는 아직 충분한 수분이 있어 물을 줄 필요가 없다. 그러나 물을 너무 자주 많이 주지 말고, 일정 시간 건조시키는 것이 중요하다.

기온

대부분의 선인장들의 원산지는 낮에는 덥고 밤에는 기온이 내려가는 사막이다. 그래서 선인장은 기후 변동에 강하다. 건조함과 고온을 선호하며, 겨울에는 휴면한다. 고온다습한 기후에서도 재배가 가능하며, 물을 주는 것만 주의한다면 연중 성장을 한다.

거의 모든 종류의 선인장은 국내에서 재배가 가능하고, 대체로 28~34℃의 하우스 안에서 잘 자란다. 선인장이 어느 정도의 온도까지 견딜 수 있는지에 대한 기록은 없지만 44℃의 온도에서도 자라는 것으로 알려져 있다. 직사광선에만 닿지 않는다면 괜찮은 것이다.

암목단(Ariocarpus)속 선인장은 차고 서늘한 기후에서 개화하기 때문에, 태국에서는 1년에 한 번만 꽃을 볼 수 있다.
사진은 용설목단(Ariocarpus agavoides)의 꽃.

빛

선인장은 햇빛을 선호하기 때문에 1일 6~8시간 정도 일정하게 빛을 공급할 필요가 있지만, 강한 햇살은 피하여 60~70%정도로 차광한다. 하우스가 없다면, 오전과 오후에 햇살이 너무 강하지 않은 시간대에 햇볕을 쬔다. 적당한 빛이 공급된 선인장은 선인장 본래의 모습으로 성장하지만, 햇빛이 충분하지 않다면 웃자라서 모양이 망가지게 된다. 또한 강한 빛을 과다하게 쬔 경우에는 표피가 햇볕에 타거나 주름이 생길 수 있다.

비료

대부분의 선인장 재배자들은 천천히 녹아내리는 오스모코트 등의 화학비료를 곧잘 사용한다. 선인장의 뿌리 부근에 뿌리거나 처음에 심을 때 용토에 섞는다. 물로 희석하여 2주마다 잎에 뿌리는 액체 비료도 사용하는데, 이 액체 비료는 구하기 쉽고 용도에 맞는 블렌딩을 선택할 수 있다는 장점이 있다. 두엄이나 퇴비를 사용해도 되지만 위생 면에서 문제가 있고, 병충해가 비료에 섞여들 수 있어 재배자에게 별로 좋지 않다.

정기적으로 비료를 공급한 선인장은 잘 성장한다. 새로 난 가시는 크고 훌륭하며 전체적으로 균형이 잡혀있다. 표피에는 생기가 있고, 계절이 돌아오면 꽃을 피운다. 중요한 것은 비료에 표시된 농도의 절반 정도로 희석하여 사용하는 것이다. 비료를 너무 많이 주면 질소과다로 인해 세포가 급성장하며, 줄기가 터져서 보기 흉하게 되고, 세균이 침입하기도 쉬워진다.

본격적으로 선인장을 재배하려면 시외에 제대로 된 하우스를 만들 필요가 있다. 이 그룹에 속하는 식물은 다른 종류의 관상식물들과는 달리 비와 햇볕에 노출된 환경 하에서는 재배할 수 없기 때문에, 하우스는 용토 및 선인장을 돌보는 올바른 방법과 마찬가지로 선인장 재배에 중요한 요소이다. 좋은 하우스에 투자를 하면, 장기적으로 봤을 때 시간과 비용을 크게 절약할 수 있다.

하우스에는 유리집이나 온실처럼 공기가 바뀌지 않는 폐쇄형과 공기가 바뀌는 개방형이 있으며, 설치하는 장소의 상황에 따라 선택할 수 있다. 하우스 내에서의 재배는 선인장에게 적합한 환경을 제공할 뿐만 아니라 주위를 배회하는 쥐나 새, 벌레 등의 외부 침입을 막을 수도 있다. 또한 좋지 못한 기후가 원인이 되는 녹병이나 입고병 등 병의 감염확대를 방지할 수도 있다.

하우스의 형태는 장소나 디자인에 따라 다양하지만 중요한 것은 설치 장소이다. 하우스는 식물이 햇볕을 충분하게 쬘 수 있도록 장애물이 없는 실외나 옥상 등에 설치하는 것이 좋다. 화분을 두는 받침대는 어떤 형태이든 상관없지만 주위를 환기시키기 위해 지면에서 적당히 떨어진 높이에 설치한다. 하우스 위쪽은 비를 피하기 위해 투명한 플라스틱이나 투명 물결모양 기와 등으로 지붕을 잇고 난 후, 각종 차광망을 이용하여 빛을 약하게 함으로써 햇볕에 그을리는 것을 막는다.

개방형 하우스

폐쇄형 하우스

병에 걸리거나 벌레가 붙은 선인장은 초기 단계에서 알아차리기 어려우며, 증상이 진행되지 않으면 깨닫지 못하는 경우가 많다. 그렇기 때문에 치료보다는 간단한 예방을 실시할 필요가 있다. 많은 종묘장에서는 병해충 구제약을 정기적으로 살포하고 있다. 피해를 입은 개체가 발견되면, 다른 선인장으로 감염되는 것을 막기 위해 격리한다. 흔히 볼 수 있는 병해충은 아래와 같다.

썩는 병(Rot)

우기에 흔히 보인다. 뭉쳐 굳어진 용토, 과다한 물 주기, 과도한 습기 등으로 인해 식물세포가 팽창하여 곰팡이의 공격을 받기 쉬운 상태가 되는 것이 원인이다. 몸체가 물러져 성장점의 성장이 멈추며, 증상이 진행되면 아랫 부분이 갈색으로 변한다.

대처 방법 적절한 물 주기와 함께 적당한 시기에 용토를 교환하고, 방제약제를 살포한다. 증상이 그다지 심각하지 않은 경우에는 화분에서 빼내어 부패한 조직을 절제하고 살균제를 뿌린다. 물을 주지 말고 절단면을 자연건조 시킨 후, 잘 마르고 나면 다시 심는다.

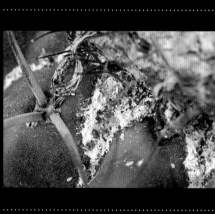

가루깍지벌레(Mealybug)

작지만 발견하기 쉬우며, 몸은 새하얀 솜 같다. 줄기와 아랫 부분에 들러붙어 양분을 빨아들이기 때문에 선인장은 성장을 멈추고 뿌리가 썩게 된다.

대처 방법 말라티온(Malathion), 다이아지논(Diazinon), 피레스로이드(Pyrethroid) 등의 침투성 방제약제를 사용한다. 또한 식재할 때 미리 디노테퓨란(Dinotefuran)을 함유한 스타클 G를 뿌려두어 예방한다. 증상이 가벼운 경우에는 줄기와 잎에서 손으로 쓰다듬어 떨어뜨리면 되지만, 뿌리 밑이나 뿌리에 숨어 있는 알과 유충에 주의한다.

패각충(Scale Insect)

선인장에 가장 붙기 쉬운 해충들 중 하나이다. 단단하고 갈색 비늘 같은 형태이며, 육안으로 찾아낼 수 있다. 줄기에 들러붙어 즙을 빨아먹으며 급속도로 번식한다. 선인장은 성장을 멈추고, 뒤틀어지듯 모양이 망가진다.

대처 방법 처음 심을 때부터 스타클 G를 화분에 뿌려 예방한다. 수가 적다면, 막대 모양 물건이나 칫솔로 살짝 문질러 떨어뜨리고 방제약제를 살포한다. 대량으로 들러붙어 있는 경우는 구제한 후, 말라티온이나 니코틴 설페이트(Nicotine Sulfate)를 그 후에 일정기간 동안 사용한다.

총채벌레(Thrips)

1mm 정도로 작은 해충이며, 황갈색을 띤다. 즙을 빨아 새싹과 꽃눈의 주변 조직을 파괴하며 줄기에 흰색 또는 노란색의 반점이 생기게 된다.

대처 방법 니코틴 설페이트로 구제한다.

빨간 응애(Red Spider Mites)

육안으로 발견할 수 있는 작은 해충이다. 작은 점 같은 모양이며 움직임이 빠르다. 정수리 부근의 솜털에 숨어서 양분을 빨아들여 식물의 성장을 멈추게 한다. 또한 잎에 해충이 갉아먹은 흔적을 남긴다. 더운 시기에 대량으로 발생하는 경우가 많다.

대처 방법 말라티온 등의 침투성 방제약제를 10일마다 살포한다.

들쥐(Rat)

피해를 입을 확률이 높은 대형의 적이다. 소형 선인장을 통째로 먹어치우며, 대형 선인장은 줄기를 부분적으로 갉아먹는 경우가 많다. 중요한 장소를 갉아 먹힌 것이 아니라면 재생은 가능하지만, 본래의 아름다운 모습으로 돌아오려면 1년 이상이 걸린다.

대처 방법 쥐덫용 바구니로 포획하여 제거한다. 대량으로 발생한 경우는 독약을 사용한다.

달팽이류(Snails & Slugs)

소·중형의 외적이다. 모든 부분을 갉아먹기 때문에 선인장에는 상당히 유해한 존재이다.

대처 방법 달팽이를 발견하면 잡아서 죽이고, 데드밀-5 등의 유인제 메타알데히드(Metaldehyde)를 직접 살포한다.

진딧물(Aphids)

소형 해충이며, 거무스름한 녹색을 띤다. 줄기의 부드러운 부분의 양분을 빨아들여 선인장을 왜곡하고 변형시킨다. 또한 검은 곰팡이의 영양이 되는 점액질의 배설물을 배출하여 성장 속도를 떨어뜨린다.

선인장 번식방법은 간단하며, 아래에 기재된 주요한 세 가지 방법 중에서 각 선인장의 종류에 적합한 방법을 선택하면 된다.

①실생재배(Seeding)

열매에서 과육을 씻어내어, 속에 들어있는 작고 검은 종자만을 꺼낸다. 자연건조 시킨 후, 적어도 3~7일 동안 차갑고 어두운 곳에 둔다. 이렇게 하면 곧바로 종자를 뿌리는 것보다 발아율을 높일 수 있다.

스텝① 화분 바닥에 목탄조각들을 깔고, 용기에 용토를 가득 채워 표면을 평평하게 만든다.

스텝② 준비해둔 재배포트를 균류방제액 안에 5분 정도 담가둔 후 물기를 제거한다.

TIPS

● 사용하는 용토는 모래가 섞인 흙이다. 피트모스여도 좋다.

● 재배포트를 비닐봉투 안에 넣지 않고 개방형으로 재배해도 좋다. 개방형은 조류나 해충들이 종자를 먹어버릴 위험성이 있고, 또한 모종의 생존율도 낮아지지만, 비닐봉투에 넣어서 폐쇄형으로 기른 모종보다도 건강하게 자란다.

● 발아하는 데 걸리는 시간은 종류에 따라 다르지만, 대체로 7~15일 이내에 발아하여 모종이 된다.

● 실생재배는 튼튼한 뿌리를 가진 선인장을 원하는 사람이나 시간적으로 여유가 있는 사람에게 적합하며, 자연적인 방법을 통해 크기가 균일한 모종을 대량으로 얻을 수 있다는 이점이 있다. 또한 재미있는 선인장을 얻을 수 있는 가능성도 존재한다.

스텝③ 준비해둔 종자를 화분 전체에 뿌린다.

스텝④ 재배포트를 투명한 비닐봉투에 넣고 입구를 확실하게 닫은 후, 습도가 균일하게 유지될 수 있게 한다. 약한 빛 아래 둔다.

모종 옮기기

발아 후, 모종이 된지 1~2개월이 경과하면 화분으로 옮겨 심는다. 순서는 아래와 같다.

스텝① 튼튼한 모종을 고른다.

스텝② 포트에서 모종을 빼내고, 실생재배 용 용토가 붙어있는 뿌리의 일부를 잘라낸다.

스텝③ 핀셋 끝으로 작은 모종을 집어서 준비해둔 용토에 꽂아 넣는다.

스텝④ 종의 명칭과 모종을 옮긴 날을 기록한 네임 플레이트를 세운다.

TIPS

- 모종을 옮긴 후 곧바로 물을 주지 말고 이틀 간격을 둔 후 저배율로 희석시킨 균류 방제약제를 분무기로 살포한다. 이는 모종이 썩는 것을 방지하기 위함인 것이다.

- 종의 명칭과 날짜를 기록한 네임 플레이트를 세워, 교배종의 내역을 각각 알 수 있게 해둔다. 이는 품종개량을 실시하는 데 중요한 역할을 한다.

- 이 네임 플레이트는 용토의 교환 시기를 파악하는 데도 도움이 된다.

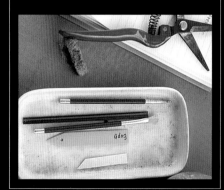

②꺾꽂이(Cutting)

모주에서 자구나 가지를 분리하여 용토에 꽂기만 하면 되는 방법.

스텝① 번식시키고 싶은 모주에서 자구 또는 가지를 잘라낸다.

스텝② 절단면에 발근용 호르몬을 바르고, 자연 건조시킨다.

스텝③ 준비해둔 용토에 꽂는다.

스텝④ 용토 위에 작은 돌들을 가득 깐다.

스텝⑤ 3~4일간 물을 주지 말고, 약한 빛 아래 둔 후, 통상적인 물 주기를 시작한다.

그 후 1~2주쯤 되어 꺾꽂이 해 둔 싹이 아직 건강하다면 뿌리가 나기 시작했음을 나타낸다. 선인장이 튼튼해지면 햇빛이 잘 드는 장소로 옮긴다.

TIPS

● 용토는 선인장용인 일반 용토를 사용한다.

● 꺾꽂이 후, 흙이 촉촉한 느낌이 들 정도의 물 주기는 괜찮지만, 꺾꽂이 해 둔 싹을 썩혀버릴 우려가 있기 때문에 젖을 정도로는 물을 주지 않는다.

● 절단면에 알루미늄 분말 등의 살균제를 바른다. 절단면을 건조시키기 위해 이틀 동안은 물을 주지 않는다.

● 이 방법의 장점은 사이즈가 크고 모주와 형질이 동일한 선인장을 얻을 수 있다는 것이다. 또한 실생묘만큼 긴 시간동안 애써 보살펴주지 않아도 된다. 단점은 이 방법이 에피필룸(Epiphyllum)과 로비비아(Lobivia), 오푼티아(Opuntia) 등 자구를 만들거나 분지하는 선인장 또는 줄기가 긴 타입의 선인장에만 적용될 수 있다는 것이다. 그리고 새롭게 얻은 개체는 실생하는 선인장만큼 튼튼한 뿌리를 가지지 않는다.

③접목(Grafting) 또는 그래프트

많은 선인장들은 꽃을 피우거나 열매를 맺는 연령에 도달하기까지 10년 이상이 필요하다. 이 방법은 그 시간을 절반으로 단축함과 동시에 단기간에 개체의 수를 늘리며 접가지의 성장도 촉진시킬 수 있다. 그렇기 때문에 다양한 속에 해당하는 선인장을 번식시키는 데 이 방법이 이용되고 있다. 비모란이나 전신에 노란 무늬가 들어간 것처럼 엽록소가 없어서 스스로는 광합성을 할 수 없는 금錦이 든 선인장들도 포함된다.

접가지의 성장이 빠르며, 꽃을 잘 피우고 종자도 잘 맺히기 때문에 상업적인 목적으로 또는 종자를 얻을 목적으로 선인장을 번식시키고자 하는 사람에게 적합하다. 접목은 어렵지 않기 때문에 익숙해지면 잘 할 수 있게 되며, 보다 더 많은 성과를 거둘 수 있게 된다. 순서는 아래와 같다.

스텝① 깨끗한 칼을 사용하여 대목의 끝 부분을 평평하게 자른다. 접합부에 물이 고이거나 가시가 손에 박히지 않도록, 절단면은 비스듬히 잘라낸다.

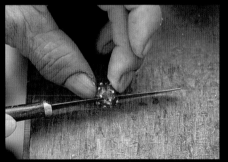

스텝② 접가지의 아래 부분은 손상시키지 않도록 깎아낸다.

스텝③ 준비해둔 대목 위에 접가지를 둔다.

스텝④ 실 또는 투명 테이프로 대목과 접가지를 접합시킨다.

모주와 다른 자구를 만들고 싶거나 선인장을 증식시키고자 하는 분께 추천하는 방법이다. 재배자가 작업 전에 알아두어야 할 중요한 점들은 아래와 같다.

① 꽃의 형태

선인장의 꽃은 양성화이며. 관 모양, 깔대기 모양, 종 모양 등 다양한 형상이 존재하고, 줄기에 핀다. 어느 종이든 꽃의 구조는 같으며 수술다발 속에 흰색 암술이 한 개 솟아있지만, 자가수분은 어렵고 결실의 확률도 낮다. 그렇기 때문에 재배자에게는 타가수분이 선호된다.

② 타이밍

선인장의 꽃 중에는 기후나 생육장소에 따라 하루 밖에 피지 않는 것과 2~3일 동안 피는 것이 있다. 저온에 햇빛이 없는 곳에서는 꽃이 닫혀버리거나, 개화하지 않거나, 개화시간이 늦어지기도 한다. 꽃봉오리가 피기 시작하면 수분이 가능해지지만, 꽃잎이 활짝 열려서 수술이 확실히 나올 때까지 2~3시간 기다리는 편이 좋다. 붓으로 살짝 쓰다듬어 준다면, 꽃가루가 곧바로 붙는다. 꽃이 닫혀버린 후에도 몇 시간 이내라면 꽃잎을 열고, 마찬가지로 수분시킬 수 있다.

③ 꽃가루 보존 테크닉

다음 번 이후에 사용하기 위해 보존한다. 수분시키려는 선인장의 꽃이 동시에 피지 않을 때에 실시하지만, 채취 후 1주일 이내에 사용하는 것이 바람직하다. 방법은 아래와 같다.

스텝① 사용 가능한 수술을 고른다. 끝부분이 가느다란 핀셋으로 수술의 끝을 집어서 떼어낸다.

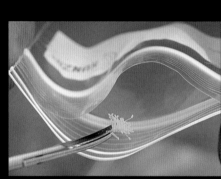

스텝② 수술을 플라스틱 튜브 또는 식품 보존용 플라스틱 봉지에 넣고, 바깥 공기가 들어가지 않도록 한다.

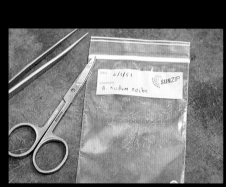

스텝③ 종의 이름과 보존 날짜를 기록하고, 냉장고에 넣어 보존한다.

④ 수분 테크닉

동종 간의 수분은 가장 성공률이 높다. 이종 간 또는 이속 간 교배도 가능하지만, 형태적 유사성이 있는 속을 고르는 편이 보다 성공하기 쉽다.

교배하고자 하는 선인장들이 정해지면, 아래의 순서대로 수분을 실시한다.

스텝① 수술의 부위를 확인하고, 핀셋 끝으로 집어서 떼어낸다.

스텝② 수술을 암술머리에 묻히거나 암술머리 위에 둔다. 작은 붓을 사용하여 살짝 닿게 해도 좋다.

스텝③ 수분시킨 꽃 위에 모주들의 이름과 수분 일을 기록한 작은 플라스틱 네임 플레이트를 꽂아둔다.

스텝④ 수분에 성공하면 씨방이 커지고, 성장하여 열매가 된다.

선인장의 유용성

선인장은 관상식물로 즐기거나 상업적인 재배와 판매를 하여 수입원으로 이용하거나 혹은 날카로운 가시와 커다란 체구 덕분에 침입자로부터 주거지를 보호하는 살아있는 울타리로도 활용할 수 있다는 점이 잘 알려져 있다. 살아있는 울타리로 사용되는 선인장은 부채선인장(*Opuntia stricta*)과 백운각(*Marginatocereus marginatus*), 에우리키니아 아키다(*Eulychnia acida*), 트리코케레우스 칠렌시스(*Trichocereus chilensis*) 등과 같이 대형으로 성장하고 병에 강하며, 재배도 간단한 종류들이다.

이외에도 선인장에는 많은 이용가치가 있다. 선인장의 원산지에서는 부채선인장(*Opuntia stricta*)의 가시를 제거하여 샐러드나 스테이크, 스프 등의 주재료로 사용하는 등 자생하는 선인장을 식용으로 이용하고 있다. 대량으로 채취한다면 돼지나 소 등의 동물 사료로도 이용할 수 있으며, 거북이나 일부 도마뱀 등의 파충류도 이 식물을 섭취할 수 있다.

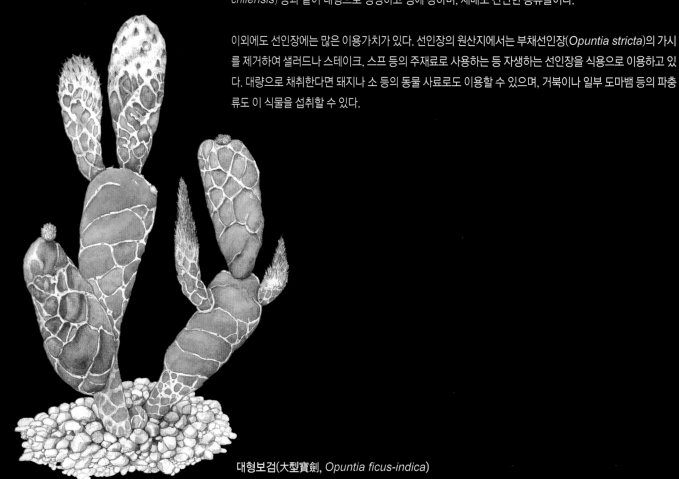

대형보검(大型寶劍, *Opuntia ficus-indica*)

© Dr. Anthony Gill

부채선인장은 줄기의 마디뿐만 아니라 열매도 먹을 수 있다. 맛이 좋아 인기가 있다는 점에서 미국의 일부 지역에 위치한 대규모 선인장 농장에서는 판매용 열매를 생산하며, 더욱 맛있는 열매를 얻기 위한 품종개량을 진행하고 있다. 다른 과일 같은 씨가 없기 때문에 스페인의 일부 지방이나 그리스 등의 유럽, 리비아, 모로코 등에서도 선호되며, 잼과 젤리로 가공되거나 생식으로 섭취되기도 한다. 사구아로(*Carnegiea gigantea*)의 열매도 맛이 좋다고 이야기 되며, 용신목(*Myrtillocactus geometrizans*)의 열매도 멕시코 시장에서 수요가 높다.

선인장의 열매를 먹는다고 하면, 대부분의 사람들은 신기하게 생각할지도 모른다. 날카로운 바늘이 돋은 식물에 맺히는 과일을 먹는다는 것은 상상하기 어렵기 때문이다. 하지만 사실 선인장의 열매를 먹는 것은 태국인들에게 새로운 일은 아니다. '용과(龍果)'라고도 불리는 드래곤 후르츠(*Hylocereus undatus* hybrid)처럼 10년 전부터 국내에서 재배되어 판매되는 친숙한 과일이 사실은 선인장의 열매라는 것을 대부분의 태국인들이 알고 있지 못할 뿐이다.

많은 지역에서 인간들은 선인장을 여러 가지 재료나 도구, 일용품을 대체하는 물건으로 이용해왔다. 멕시코인은 갈고리 같은 모양을 한 고사(高砂, *Mammillaria bocasana*) 등의 선인장 가시를 낚싯바늘로 사용했고, 페루인은 적어도 2천년 이상 전부터 장군(將軍, *Austrocylindropuntia sublata*)의 가시를 재봉 바늘로 사용해왔다. 큐라소(Curacao) 섬의 케레우스 레판두스(*Cereus repandus*)나 아르헨티나의 에키놉시스 아타카멘시스(*Echinopsis atacamensis*)처럼 수명이 길고 목질이 튼튼하여 가구의 재료로 대용할 수 있는 선인장도 있다. 이 두 가지 종은 독특한 모양을 한 작은 의자와 테이블을 제작하는 재료로 사용되지만, 그 재질은 다른 훌륭한 재료들과 다를 바가 없다.

이외에도, 선인장은 천 년 이상에 걸쳐 종교 의례에도 사용되어 왔다. 알카로이드(alkaloid) 성분을 함유하여 섭취하면 환각을 일으키는 오우옥(烏羽玉, *Lophophora spp.*) 등이 그러하며, 멕시코의 주술사가 이를 성스러운 의식에 사용해왔다는 것도 납득이 된다. 그러나 동시에 이 성분은 추출하여 몇 종류의 약제로 사용할 수도 있다. 만약 본격적인 연구가 이루어진다면, 각종 선인장들 속에 숨겨진 새로운 화학성분과 약효성분이 몇 가지는 반드시 발견될 것이다.

049

다양한 종류의
선인장

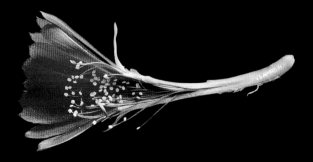

화관환(花冠丸)속
Acanthocalycium
아칸토칼리키움속

속의 이름은 그리스어로 가시가 있다는 뜻의 'akantha'와 꽃받침조각을 뜻하는 'kalyx'에서 유래하였으며, 외측에 가시가 있는 꽃받침의 기부(基部)와 연관된 이름이다. 에키놉시스(*Echinopsis*)속으로 분류하는 전문서도 있다. 해발 300~3,300m의 아르헨티나 북부지역에 자생하며 산기슭의 평지, 모래와 돌을 포함하여 물 빠짐이 좋은 토지의 덤불 등에서 볼 수 있다. 실생재배가 선호된다.

일반적인 형태

줄기는 구형 또는 편평한 구형이며, 윤곽이 뚜렷한 16~20개의 능이 존재한다. 통상적으로는 단간이고 군생하지 않는다. 가시는 짧고 곧다. 정수리의 혹 겨드랑이에서 깔때기 모양의 커다란 꽃을 피워낸다. 꽃의 색은 분홍과 흰색, 빨간색 등으로 다양하며, 낮에 꽃을 피운다. 열매는 둥글며, 작은 가시로 덮여있고, 속에는 검은색 혹은 짙은 갈색의 종자가 들어있다.

화관환(花冠丸)
Acanthocalycium ferrarii

오릉각(五稜閣)속
Acanthocereus
아칸토케레우스속

———

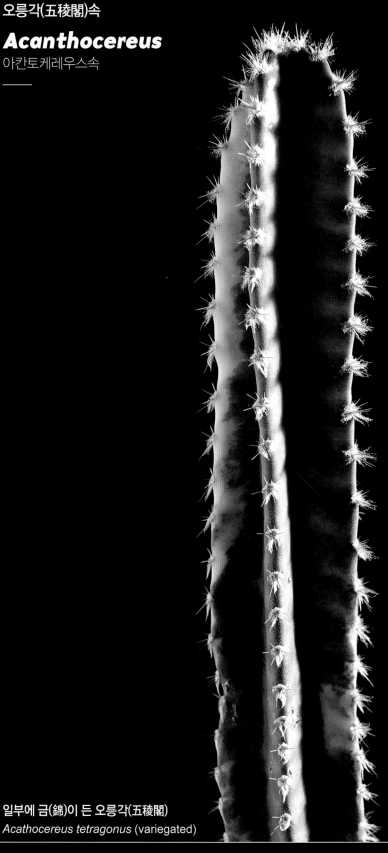

속의 이름은 가시를 의미하는 그리스어 'akantha'에서 온 것이다. 날카로운 가시를 가진 케레우스(*Cereus*)속과 비슷한 선인장임을 나타내며, 해리시아(*Harrisia*)속과 렙토케레우스(*Leptocereus*)속의 친척 정도로 분류된다. 플로리다 주에서부터 남미 콜롬비아까지의 미국 대륙 열대지방, 해발 1,200m 지역에 자생하며, 야생에서는 숲의 나무처럼 빽빽하게 늘어선다. 나이가 들면서 낮은 나무나 바위를 따라 기어가듯이 자라서 길이가 5m가 되는 것도 있다.

일반적인 형태

중·대형이며, 기어가듯이 자라는 종도 있다. 3~5개 능의 녹색 줄기에 날카로운 짧은 가시가 돋아 있다. 꽃의 색은 흰색이며, 밤중에 꽃잎이 많은 깔때기 모양의 큰 꽃을 피운다. 둥근 열매는 작은 가시로 덮여있으며, 익으면 빨갛게 되어 벌어진다. 속에는 검은 종자가 들어있다.

일부에 금(錦)이 든 오릉각(五稜閣)
Acathocereus tetragonus (variegated)

화개주(花鎧柱)속

Armatocereus

아르마토케레우스속

——

속의 이름은 `arma` 와 `cereus` 라는 라틴어에서 온 것이며, 무기같이 날카로운 가시를 가진 선인장이라는 의미이다. 야생에서는 콜롬비아와 에콰도르, 페루의 해발 3,300m 지역에 10종류 정도가 자생하고 있다. 대부분은 접목과 실생으로 번식시킨다.

일반적인 형태

대형이며, 두툼한 둥근 원통 같은 모양이다. 줄기의 마디를 내서 12m 이상으로 성장하고, 분지해가며 군생한다. 줄기의 색은 녹색 혹은 회백색이며, 명확하고 날카롭게 생긴 능과 곧게 뻗은 날카로운 가시를 가진다. 꽃자리에서 관 모양의 꽃을 피운다. 꽃잎은 흰색 또는 불그스름한 흰색이며, 외측은 가시로 덮여있다. 밤에 꽃을 피우며, 더울 때 꽃이 피는 경우가 많다. 열매는 구형 또는 계란형이며, 가시에 싸여 있다. 속에는 계란형의 다갈색 종자가 들어있다.

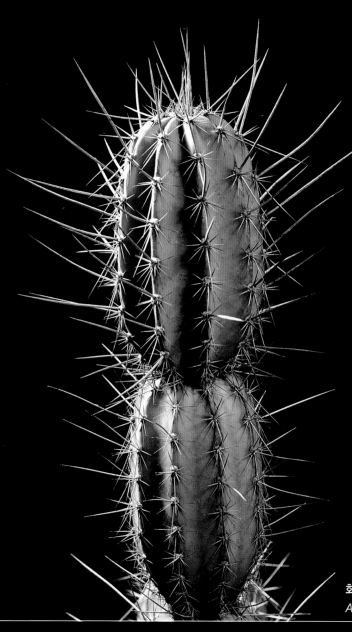

화개주(花鎧柱)
Armatocereus sp.

암목단(岩牧丹)속

Ariocarpus

아리오카르푸스속

———

속의 이름은 화이트빔의 열매(Sorbus aria)를 뜻하는 'aria'와 열매를 뜻하는 'carpus'에서 온 것이다. 멕시코에 많이 자생하지만, 미국 텍사스 주에서 보이는 종류도 있다. 현재 6종 이상이 발견되었으며, 아종도 많다.

야생에서는 돌이 섞인 토양에 자생한다. 스스로 땅 속에 숨어 결절 부분만을 땅 위로 내밀고 공기와 햇볕을 쬔다는 점에서 '살아있는 바위'라는 다른 이름을 가진다. 저온을 선호하며 개화일수는 불과 1~2일이지만, 고온 하에서라면 보다 긴 시간동안 꽃이 핀다. 재배에는 통기성과 배수성이 높은 용토가 적합하며, 햇빛을 상당히 선호한다.

일반적인 형태

양분을 저장하는 괴근이 땅 속에 존재하며, 광합성을 하기 위해 결절 부분만을 땅 위로 내놓는다. 결절은 다육식물의 짧은 잎 같은 모양이며, 줄기에 달라붙어있다. 대부분 자구를 생산하지 않기 때문에, 종자번식 시킨다. 정수리 부분에 흰색, 크림색, 분홍색 등의 꽃을 피운다. 열매는 솜털 안에 숨어 있으며, 완숙된 후에 모습을 드러낸다. 속에는 작고 검은 종자들이 많이 들어있다.

용설목단(龍舌牡丹)

Ariocarpus agavoides

두꺼운 결절을 가진 다른 종과는 다르게 길게 뻗은 결절이 마치 가늘고 긴 잎처럼 보인다. 끝부분에는 작은 가시와 흰 솜털이 붙어있다. 야생에서는 땅 속에 괴근을 만들어 양분을 저장하며, 광합성을 하는 결절 부분만을 땅 위로 내놓는다. 밤에 분홍색의 꽃을 피우며, 충분히 성장한 개체는 마치 잎처럼 보이는 결절의 끝부분에 자구를 생산하는 경우도 있다.

용설목단(龍舌牡丹) [금]
Ariocarpus agavoides (variegated)

구갑목단의 일종인 갑옷목단(鎧牡丹)
Ariocarpus bravoanus

갑옷목단(鎧牡丹) [금]
Ariocarpus bravoanus (variegated)

구갑목단(龜甲牡丹)의 아종인 힌토니
Ariocarpus bravoanus subsp. *hintonii*

금(錦)이 든 힌토니
Ariocarpus bravoanus subsp. *hintonii*
(variegated)

구갑목단(龜甲牡丹)
Ariocarpus fissuratus

구갑목단 `로이디`
Ariocarpus fissuratus `Lloydii`

`로이디`
Ariocarpus fissuratus `Lloydii`

`로이디` (금)
Ariocarpus fissuratus `Lloydii` (variegated)

구갑목단(龜甲牡丹) '고질라'
Ariocarpus fissuratus 'Godzilla'

구갑목단 '고질라' 와 암목단(岩牡丹) '콜리플라워' 사이의 교배종
Ariocarpus fissuratus 'Godzilla' x
Ariocarpus retusus 'Cauliflower'

'고질라' 와 '콜리플라워' 교배종(금)
Ariocarpus fissuratus 'Godzilla' x *Ariocarpus retusus*
'Cauliflower' (variegated)

'고질라' (금)
Ariocarpus fissuratus ʻGodzilla' (variegated)

구갑목단(龜甲牡丹)과 암목단(岩牡丹) 사이 교배종들의 다양한 꽃들
Ariocarpus fissuratus x Ariocarpus retusus

흑목단(黑牡丹)

Ariocarpus kotschoubeyanus

원산지 : 멕시코

아리오카르푸스속 중에서 가장 작은 종이다. 야생에서는 건조한 진흙 속에 몸체를 묻고, 결절만 땅 위로 내밀어 자신과 비슷하게 생긴 작은 돌 조각 속에 뒤섞는다. 그렇기 때문에 꽃이 피지 않는 상태라면 찾아내기가 어렵다. 흑목단(黑牡丹)은 백여 년 전에 멕시코 북부에서 발견되었다. 당초 카빈스키 백작(Baron Wilhelm Friedrich von Karwinsky)이 세 그루를 표본으로 가지고 돌아와서, 그중 하나를 상트페테르부르크 식물원에 심었다. 다른 한 개를 코츄베이(Kotschoubey) 황태자에게 봉헌했으며, 마지막 한 개를 프랑스의 종묘상에 1,000프랑이라는 고가에 팔았다. 1832년 당시에는 마치 황금과도 같은 가치가 있었던 것이다. 현재는 자생지의 파괴와 밀매 목적의 채집, 게다가 현지 주민들에게 주요한 지역산 허브로 이용되고 있다는 점 때문에 야생종은 거의 멸종 상태이다. 신진대사 효과가 있는 호르데닌(Hordenine)과 N-메틸티라민(N-Methyltyramine) 성분을 함유하는 것으로 알려졌으며, 예로부터 원주민들이 깨진 도기를 복원시킬 때 이 선인장의 점액을 접착제 대신 사용했다는 기록도 남아있다.

석화(石化)와 금(錦)이 동시에 발생한 모습
Ariocarpus kotschoubeyanus
(monstrose & variegated)

철화(綴化)가 일어난 흑목단(黑牡丹)
Ariocarpus kotschoubeyanus (cristata)

일부에 금이 든 흑목단
Ariocarpus kotschoubeyanus (variegated)

흑목단의 일종인 상족(象足)흑목단
Ariocarpus kotschoubeyanus `Elephantidens`

흑목단의 일종인 희목단(姬牡丹)
Ariocarpus kotschoubeyanus `Macdowellii`

흑목단과 로이디 교배종
Ariocarpus kotschoubeyanus x
Ariocarpus fissuratus subsp. *lloydii*

흑목단의 교배종
Ariocarpus kotschoubeyanus hybrid

금이 든 흑목단의 교배종
Ariocarpus kotschoubeyanus hybrid
(variegated)

암목단(岩牡丹)의 꽃
Ariocarpus retusus

철화(綴化)가 일어난 암목단(岩牡丹)
Ariocarpus retusus (cristata)

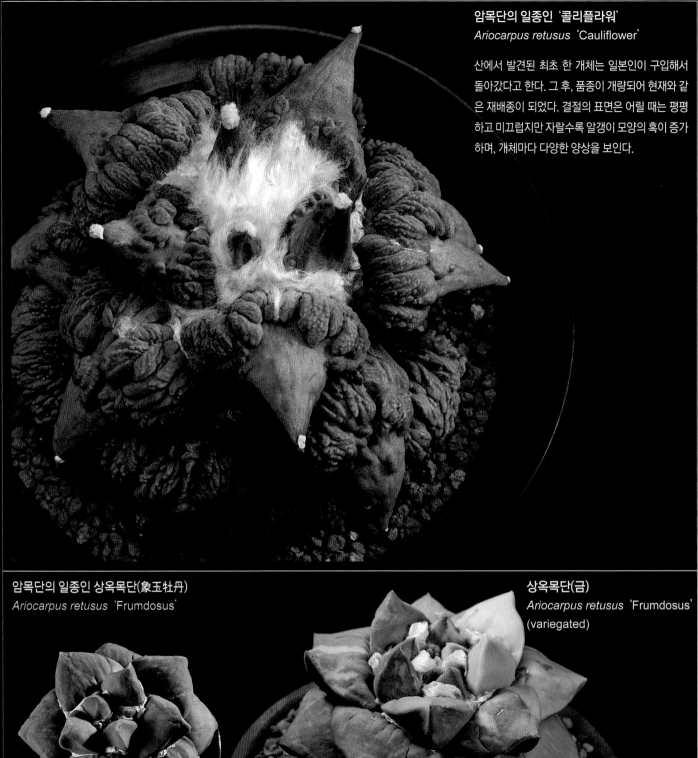

암목단의 일종인 '콜리플라워'
Ariocarpus retusus 'Cauliflower'

산에서 발견된 최초 한 개체는 일본인이 구입해서 돌아갔다고 한다. 그 후, 품종이 개량되어 현재와 같은 재배종이 되었다. 결절의 표면은 어릴 때는 평평하고 미끄럽지만 자랄수록 알갱이 모양의 혹이 증가하며, 개체마다 다양한 양상을 보인다.

암목단의 일종인 상옥목단(象玉牡丹)
Ariocarpus retusus 'Frumdosus'

상옥목단(금)
Ariocarpus retusus 'Frumdosus'
(variegated)

암목단의 아종인 삼각목단(三角牡丹)
Ariocarpus retusus subsp. *trigonus*

삼각목단의 꽃

삼각목단(금)
Ariocarpus retusus subsp. *trigonus* (variegated)

암목단의 재미있는 원예품종인 '미투이보' (또는 트라이핑거)
Ariocarpus retusus 'Mituibo' (trifinger)

'콜리플라워'와 '로이디' 교배종
Ariocarpus retusus 'Cauliflower' x
Ariocarpus fissuratus 'Lloydii'

용각목단의 교배종
Ariocarpus scaphirostris hybrid

용각목단(龍閣牡丹)
Ariocarpus scaphirostris

성관주(猩冠柱)속
Arrojadoa
아로야도아속

이 속에 해당하는 선인장은 가장 아름다운 꽃을 피운다고 한다. 재배하기가 꽤 쉽지만, 아직 널리 알려지지는 않았다. 한때 소화주(小花柱, *Micranthocereus*)속이 폐지되어 성관주속에 병합된 적이 있었지만, 현재 소화주속은 다시 생겨났다. 속의 이름은 20세기 초에 브라질에서 이 선인장을 발견한 미구엘 아로야도 리스보아(Miguel Arrojado Lisboa)와 연관되어 있다. 현재까지 6종이 발견되었으며, 야생에서는 브라질의 바위 밭에서만 자생한다.

일반적인 형태
크기는 중형이며, 옅은 녹색을 띠고 있다. 가시는 가늘지만 날카로워서 마치 부드러운 바늘이 서있는 듯하다. 성장하면 서서히 아래로 늘어지거나 기어가듯이 자란다. 관 모양의 꽃은 정수리 부분에서 자주 피어난다. 꽃의 색은 노란색부터 분홍색, 빨간색까지 다양하게 존재하며, 개화일수는 2~3일이다. 열매는 구형 또는 타원형이고, 종자는 검은색이다.

아로야도아 바히엔시스
Arrojadoa bahiensis

아로야도아 마릴라니아에
Arrojadoa marylaniae

유성(有星)속
Astrophytum
아스트로피툼속

- 투구(아스테리아스)
- 서봉옥
- 메두사의 머리
- 난봉옥
- 반야

속의 이름은 그리스어로 별을 뜻하는 `astro`와 수목을 뜻하는 `phyton`에서 유래되었다. 두 단어를 합치면 `별의 나무`라는 의미가 된다. 예전에 유성속은 다른 모양마다 종과 아종으로 분류되었지만, 현재는 5종으로 통합되어 있다. 원산지 이외에서도 백여년 전부터 재배와 품종개량이 이루어졌으며, 원종보다도 아름답고 진귀한 모습을 한 수많은 교배종들이 존재한다. 재배가들로부터 부동의 인기를 얻어온 선인장 중 하나이다.

유성속은 멕시코에서부터 미국 남서부에 걸친 건조지대에 자생한다. 재배도 쉽고 꽃도 잘 피지만, 개화연령에 도달하기까지는 꽤 시간이 필요하다. 야생에서는 종자로만 번식하지만, 정수리 부분을 절단하여 새싹을 발아시키거나 접목을 통하면 보다 짧은 기간 내에 성장시키는 것도 가능하다.

일반적인 형태

대부분은 구형 또는 원통형이다. 땅 아래에 괴근을 만드는 종은 한 가지 뿐이다. 어느 종이든 옆으로는 자구를 만들지 않지만, 정수리 부분이 손상 또는 파괴되었을 때에만 성장을 멈춘 부분에서 새로운 자구를 만든다. 가시가 있는 것과 없는 것, 두 종류가 존재한다. 노란색의 커다란 꽃을 피우는 것들이 많다. 인기 있는 선인장이다. 품종개량이 이루어진 결과, 야생종과는 다른 형태를 띠는 것, 짙은 장미색, 분홍색, 흰색과 빨간색 등 새로운 색의 꽃을 피우는 것들이 있다.

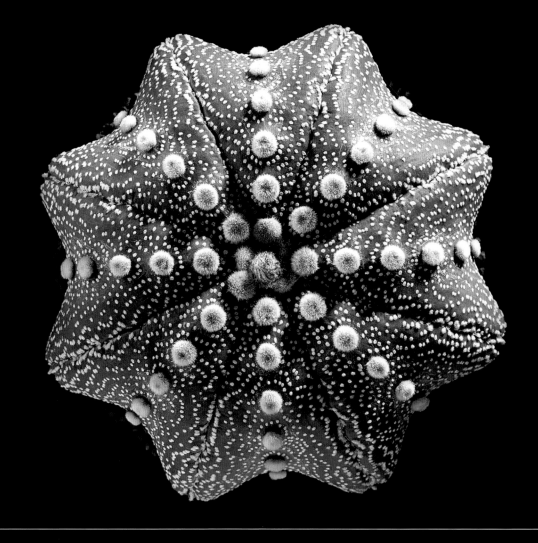

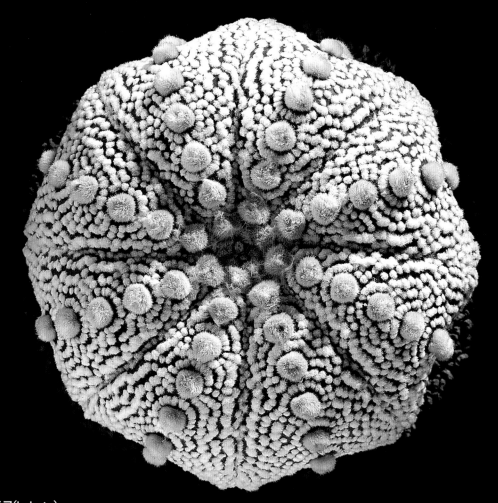

두환(兜丸) 또는 투구(kabuto)
Astrophytum asterias

단간이며, 정수리가 손상되지 않는 한 자구를 만들지 않는다. 줄기는 편평한 구형이며, 유성속의 다른 종 만큼 높게 자라지 않는다. 표면은 평활하고 가시가 없으며, 진한 녹색을 띠고 있다. 가시자리는 흰 솜털 모양이며, 온몸에 흰 반점이 아로새겨 있다. 꽃은 꽤 크고 예전에는 노란색만이 존재했지만, 품종이 개량된 현재는 이전과 다른 색의 꽃도 있다. 낮에 꽃을 피우며, 개화일수는 1~3일이다.

이 종은 오래 전부터 사랑받고 있으며, 백 년에 걸쳐 계속적으로 품종개량이 이루어진 결과 야생에서는 볼 수 없는 형태가 나타났다. 성게의 일종인 샌드 달러(Sand Dollar)를 닮았기 때문에 '샌드 달러'라는 일반 명칭을 갖지만, 국내에서는 '두환' 또는 '투구'라고 불린다. '투구'는 일본어로 카부토인데, '카부토'란 전국시대 장수의 투구라는 의미로, 위에서 본 모양이 흡사하다. 흰 V자 모양이 들어간 것이나 모양이 없는 것 등 각각의 특징을 파악한 형태의 분류가 이루어지면서 재배가의 이름을 딴 일본어명이 붙여지기도 했는데, 어느 타입이든 상당히 인기가 높다.

그런데 카부토는 한 개체 안에 여러 형태가 존재하기도 하는데, 명칭 표기를 할 때, 지금으로서는 아직 어느 형태를 우선시하고 어느 형태를 다음으로 둘 지에 대한 명확한 규칙이 없다. 여기에서는 일부 형태밖에 표기하지 않았지만, 이보다도 많은 형태를 띠는 개체도 있다.

철화(綴化)가 일어난 투구
Astrophytum asterias (cristata)

철화와 금(錦)이 동시에 발생한 투구
Astrophytum asterias (cristata & variegated)

석화(石化)가 일어난 투구
Astrophytum asterias (monstrose)

석화와 금이 동시에 발생한 투구
Astrophytum asterias (monstrose & variegate)

복릉두(複稜兜)
Astrophytum asterias 'Fukuryo'
'후쿠료'는 능이 두 개 겹친다는 뜻인 복릉(複稜)의 일본어식 발음이다.

복릉두(금)
Astrophytum asterias 'Fukuryo' (variegated)

귀갑두(龜甲兜)

Astrophytum asterias ʻKikkoʼ

ʻ킷코ʼ란 거북의 등갑을 의미하는 귀갑(龜甲)의 일본어 발음으로, 일본인이 개발한 원예종이다.

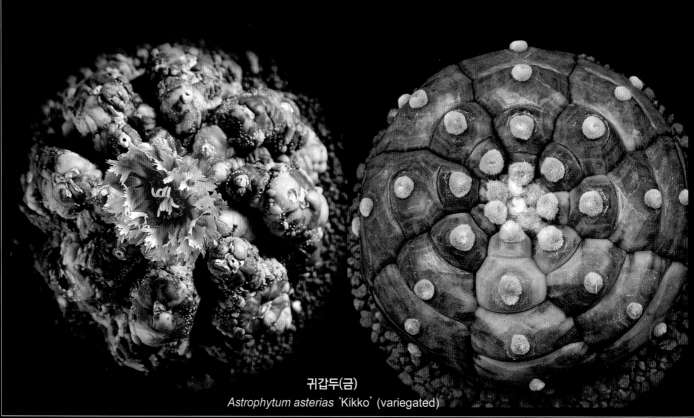

귀갑두(금)

Astrophytum asterias ʻKikkoʼ (variegated)

화원두(花園兜)

Astrophytum asterias `Hanazono`

‘하나조노’란 꽃밭을 의미하며, 보통 꽃눈의 형성 장소가 많다는 점에서 이 이름이 붙여졌다.

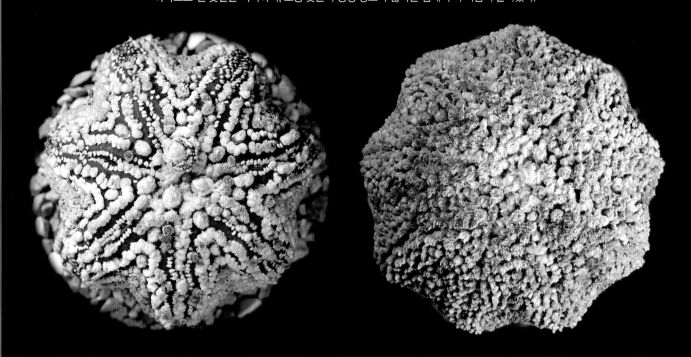

에쿠보

Astrophytum asterias `Ekubo`

‘에쿠보’란 가시자리 부근에 홈이 있는 별선인장이다.

'미라클'

Astrophytum asterias `Miracle`

최초로 '미라클'이라는 이름이 붙여진 것은 아랫 부분이 줄기를 향해 살짝 잘록하게 들어가서 불가사리처럼 보이는 야생종에서였다. 이 변종의 출현은 30년 전에 일본의 선인장 업계에 하나의 거대한 센세이션을 일으켰다. 많은 태국인들은 이것이 바로 미라클의 특징적인 형태이며, '미라클'이라고 불리기 위해서는 이 야생의 개체와 동일한 형태가 존재해야만 한다고 이해했다.

실제로 일본인은 구체 위의 흰 모양에 착안하여 미라클을 분류하고 있다. 미라클의 모양은 벚꽃 잎이나 일본의 전통 종이 같으며, 슈퍼 투구처럼 보풀이 일지는 않는다.

미라클이 되기 위한 조건은 보다 납작하게 퍼지고, 보다 밀도가 높은 모양을 띠는 것이며, 수령이 길어질수록 그 모양이 더욱 선명해지는 것이다.

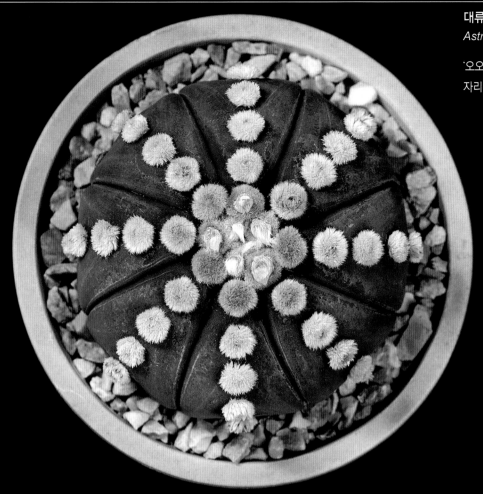

대류두(大瘤兜) 또는 '오오이보'
Astrophytum asterias 'Ooibo'

'오오이보'에는 일반적인 투구보다도 크고 흰 가시
자리가 있다.

연성두(連星兜)
Astrophytum asterias 'Rensei'

'렌세이'는 별이 이어졌다는 뜻인 '연성'의 일본식 발음이며, 연속하여 하나로 연결되는 가시자리의 형상을 비유한 것이다.

075

'스노우'
Astrophytum asterias 'Snow'

'스노우' 는 하얀 모양 즉, 전신이 작고 무수한 흰 털로 덮여있는 투구의 호칭이다.

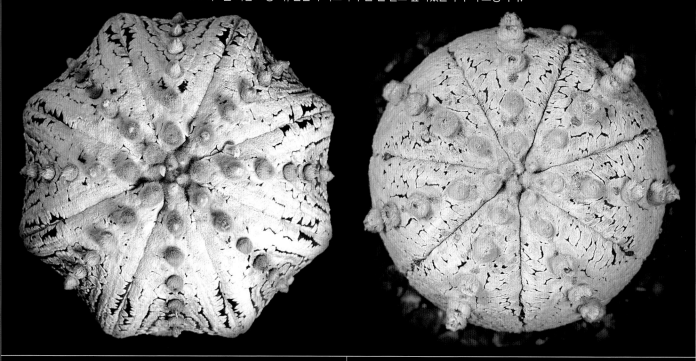

'슈퍼 투구'
Astrophytum asterias 'Super Kabuto'

1981년 경, 품종선발에 의해 탄생한 것이다. 결절 주위의 두껍고 흰 모양이 일반적인 투구보다 훌륭하다. 현재에도 지속적인 개량이 진행되고 있다.

'V 타입'

Astrophytum asterias `V-Type`

'V-타입' 이란 흰 V 모양을 띠는 투구의 호칭이다. 절대 중복되지 않는 다양한 형상 덕분에 투구 수집가에게 매우 인기가 있다. 그중에서도 흰 색이 전혀 섞이지 않은 평활한 밑바탕에 V 모양이 들어간 유리두(*Astrophytum asterias* var. *nudum*)의 V 타입이 특히 인기가 높다.

'V 타입'에 금(錦)이 든 모습

Astrophytum asterias `V-Type` (variegated)

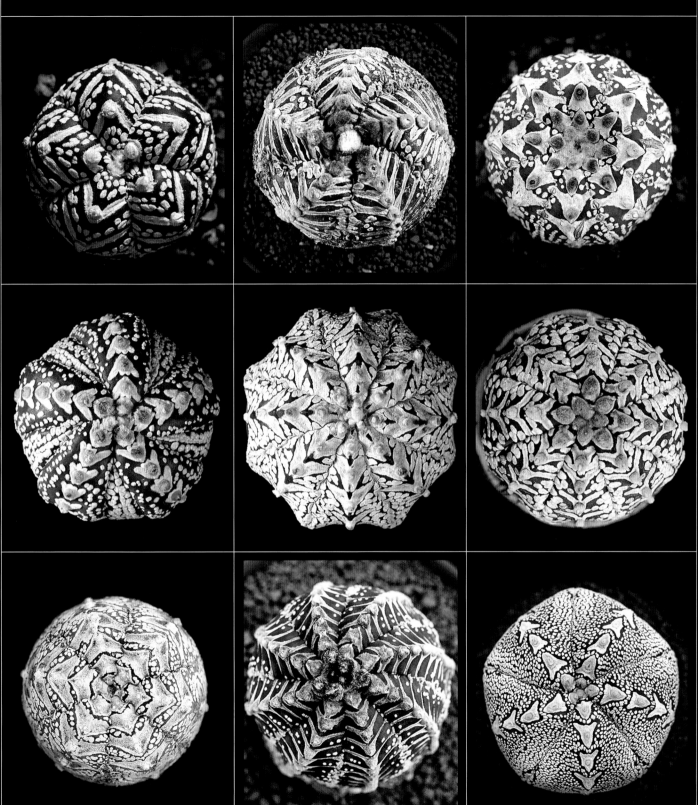

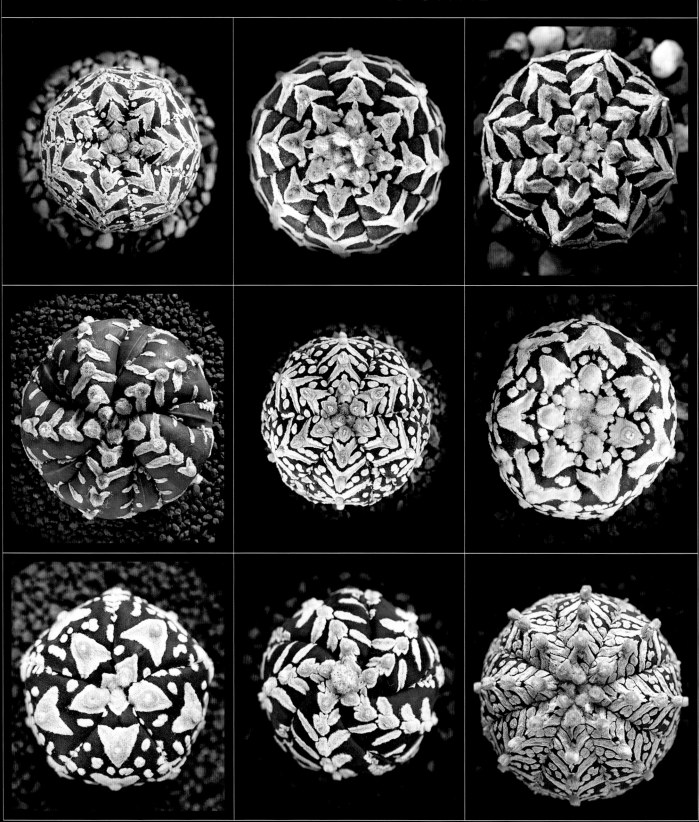

투구의 다양한 형태의 꽃들

노랑

분홍을 띤 흰색

두 가지 색

주황

분홍

빨강

밝은 분홍

밝은 노랑

노랑

서봉옥(瑞鳳玉)

Astrophytum capricorne
영어명 : 염소뿔선인장(Goat's Horns Cactus)

어려서는 다소 둥근 형태이나 자라면서 점차 기둥 형태로 성장한다. 지름은
10~15cm , 높이는 약 60㎝정도까지 자라는 것으로 알려져 있다. 평균적으
로 8개 정도의 능이 있으며, 외대로 성장한다. 검고 평평한 가시는 마치 산
양의 뿔처럼 구부러져 있고, 가시마다 두께의 차이도 있다. 꼭대기 또는 꼭
대기 부근의 가시자리에서 노란색의 커다란 꽃을 피운다. 최초 서봉옥의 가
시는 가는 편이었지만 일본에서 다양한 품종개량이 이루어져 현재는 크고
두꺼운 가시를 갖는 품종들이 대세가 되었다. 좀 더 많은 수의 가는 가시들
이 몸통을 뒤덮고 있는 형상의 군봉옥(群鳳玉, *Astrophytum capricorne*
subsp. *senile*) 또는 대봉옥(大鳳玉, *Astrophytum capricorne* var.
crassispinum)등도 별도의 종으로 취급되었지만, 지금은 모두 서봉옥과
동일한 명칭으로 통일되었다.

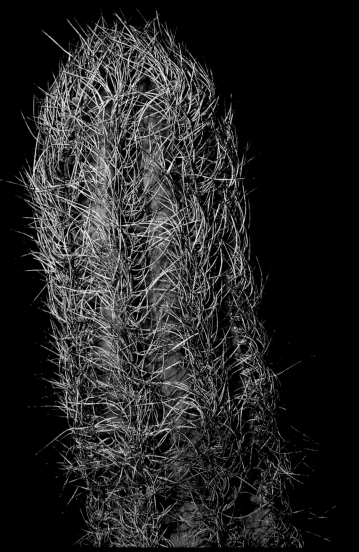

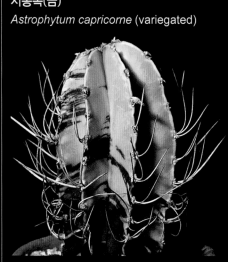

서봉옥(금)
Astrophytum capricorne (variegated)

서봉옥(철화)
Astrophytum capricorne (cristata)

서봉옥(석화)
Astrophytum capricorne (monstrose)

백서봉옥(白瑞鳳玉)
Astrophytum capricorne `Niveum`

이런 형태는 예전에 군봉옥(群鳳玉, *Astrophytum capricorne* subsp.*senile*) 이라고 불렸다.

서봉옥(瑞鳳玉)의 종류 중 하나인 `스이규 타이호교쿠`
Astrophytum capricorne `Suigyu Taihogyoku`

이런 형태는 예전에 대봉옥(大鳳玉, *Astrophytum capricorne* var. *crassispinum*) 이라고 불렸다.

메두사의 머리

Astrophytum caput-medusae

원산지 : 멕시코

이 종은 유성속 중 가장 최근에 발견된 기괴한 모양의 선인장이다. 2001년 8월 최초로 발견되어 디기토스티그마(*Digitostigma*)속으로 분류되었다가 후에 유성속으로 변경되었다. 멕시코의 누에보 레옹(Nuevo Leon) 주한 곳에서만 발견되며, 멸종위기종으로 분류되어 보호를 받고 있다.

일반적인 형태

땅 속에 괴근을 형성한다. 결절은 두께 2~5mm 정도의 막대 모양으로 진화하여 대략 20cm 이내까지 뻗쳐 성장하며, 그 표면을 흰 점들이 뒤덮고 있다. 비교적 크고 노란색의 꽃이 결절들의 끝부분에서 핀다. 검거나 짙은 커피색을 띄는 종자는 몸체에 비해 큰 편인 3mm 정도의 크기다.

난봉옥(鸞鳳玉)

Astrophytum myriostigma

영어명 : 주교의 모자 선인장 (Bishop's Cap Cactus)

1837년 프랑스인이 처음으로 발견한 품종이다. 어려서는 3~4개 정도의 능을 갖지만 성장하며 능의 숫자는 8~10개 사이로 늘어난다. 통상 60~100cm 사이의 기둥 형태로 성장하며 표면에 가시는 없고 흰색의 가루처럼 보이는 작은 점들이 가득하게 된다. 멕시코의 중부와 북부 고산 지대가 원산지인 이 종은 마치 주교의 모자처럼 생겼다고 해서 영어명이 붙었다. 가장 인기 있는 품종 중의 하나로, 많은 개발이 이루어져 현재 대다수는 원종보다 키가 작고 볼록한 형태를 띠고 있다. 표피에도 다양한 종류가 있어서 흰 점들이 없는 깨끗한 녹색의 표피를 갖는 청난봉옥(靑鸞鳳玉, *Astrophytum myriostigma* var. *nudum*)부터 주름이 잡혀 있는 복융난봉옥(複隆鸞鳳玉)에 이르기까지 매우 다양한 품종들이 존재한다. 이외에도 솜털이 빽빽하게 나있는 것처럼 흰 점들이 좀 더 밀집되어 있는 종도 있으며, 예전에는 같은 유성속의 다른 종인 코아후일렌세(*Astrophytum coahuilense*)라는 학명이 사용된 적도 있었지만, 현재는 백난봉옥(白鸞鳳玉, *Astrophytum myriostigma* subsp. *coahuilense*)이라는 통일된 분류에 속하고 있다. 난봉옥은 거의 자구를 생산하지 않기 때문에 대개는 실생을 통해 번식을 시킨다.

백난봉옥(白鸞鳳玉)

Astrophytum myriostigma subsp. *coahuilense*

구갑백난봉옥

구갑난봉옥(금)

085

난봉옥(금)
Astrophytum myriostigma (variegated)

난봉옥(철화)
Astrophytum myriostigma (cristata)

홍엽난봉옥(紅葉鸞鳳玉)
Astrophytum myriostigma 'Koh-yo'

'코요'란 홍엽의 일본어 발음으로 단풍이 들어 변색한 잎을 의미한다. 마치 진짜 단풍처럼 주황색이나 빨간색, 노란색, 분홍색 등의 무늬가 들어간 모양을 띠고 있다. 무늬는 성장점 부근에 크게 퍼지며, 겨울에는 짙어지고 여름에는 옅어진다. 일종의 금(錦)이 든 상태의 난봉옥을 지칭하는 것으로, 태국에서는 붉은 색조를 띤 것을 'cv. 레드', 노란색을 띤 것을 'cv. 옐로'라 부르고 있다.

백조난봉옥(白條鸞鳳玉)
Astrophytum myriostigma 'Hakujo'

'백조'란 흰 줄을 나타내며, 하얀색의 선처럼 보이는 능을 가졌음을 의미한다.

골구갑난봉옥
Astrophytum myriostigma var. *strongylogonum*

취설난봉옥(吹雪鸞鳳玉)
Astrophytum myriostigma `Hubuki`

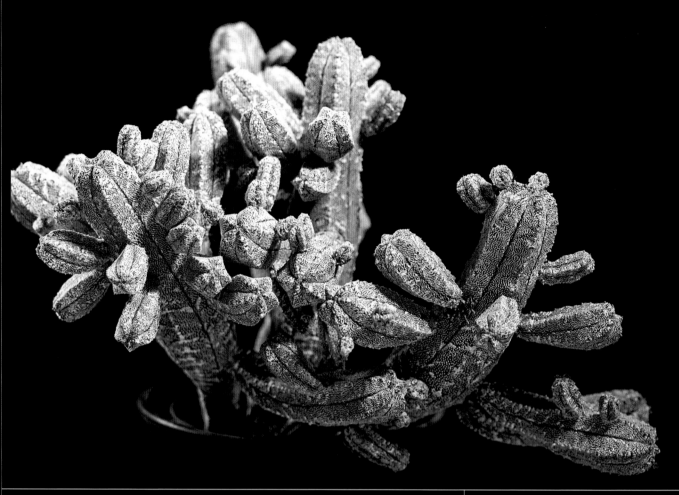

난봉옥(석화)
Astrophytum myriostigma (monstrose)

다두난봉옥(多頭鸞鳳玉)
Astrophytum myriostigma `Lotusland`

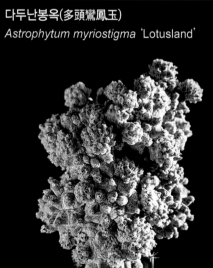

복융난봉옥(復隆鸞鳳玉)
Astrophytum myriostigma 'Fukuryu'

표피에 생겨난 능들이 주름투성이 모양이 된 품종의
난봉옥을 말한다. 어릴 때는 주름이 별로 없지만 성장
하면서 점차 늘어나고 복잡해지며, 성장한 이후에야
꽃을 피운다.

1993년 일본의 육종가 가와모토 노부오(川本信雄)
씨가 자신이 재배하고 있던 난봉옥들 사이에서 표면
요철 현상을 보이는 기묘한 개체를 발견하고 이런 흥
미로운 형질을 좀 더 발전시키고자 많은 노력을 했다
고 한다. 하지만 대부분의 교배종들이 2~3년 지나자
모두 죽어 안정적인 품종의 개발에는 실패를 하게 되
었다. 이후 다른 육종가에 의해 계속된 실험에서 반야
(般若, *Astrophytum ornatum*)와의 이종 간 교배에
서 비로소 원하는 형질을 갖고 안정적인 개체들을 얻
을 수 있었다. 이렇게 얻어진 개체들이 비로소 새로운
묘종이 될 수 있었다. 계속적인 교배가 이루어졌고 마
침내 정상적으로 재배가 가능한 새로운 품종이 탄생
하게 되었다. 후에 다시 난봉옥과의 교배를 재차 실시
하여 오늘날 우리가 볼 수 있는 가시가 전혀 없고 주
름이 표면을 멋지게 장식하고 있는 복융난봉옥을 얻
게 된 것이다.

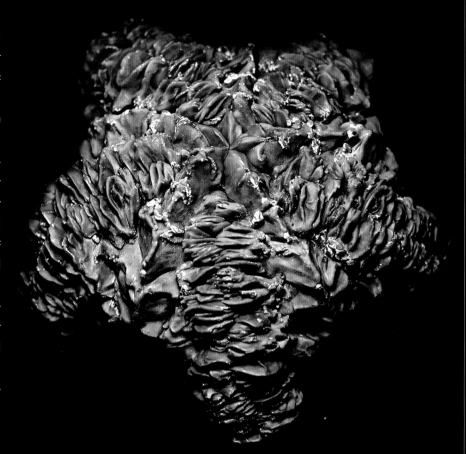

복융난봉옥(철화)
Astrophytum myriostigma 'Fukuryu' (cristata)

복융난봉옥(금)
Astrophytum myriostigma `Fukuryu` (variegated)

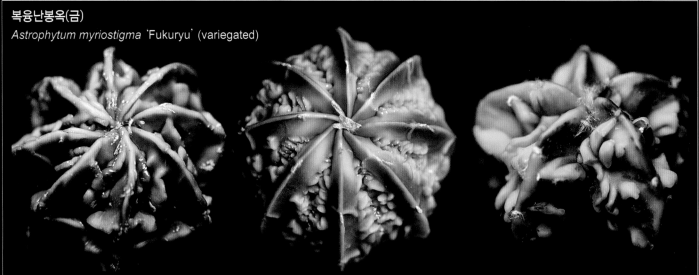

갑옷 또는 거북갑옷
Astrophytum myriostigma `Yoroi Kikko Hekiran`

`요로이` (갑옷) 또는 `요로이 킷코 헤키란` (거북갑옷)이라 불리는 원예종이다.

일본의 미우라 데츠오라는 육종가에 의해 개발된 원예품종.

구갑난봉옥(龜甲鸞鳳玉)
Astrophytum myriostigma `Kikko`

'킷코'란 거북이의 등껍질을 의미하는 구갑 (龜甲)의 일본어 발음이다. 가시자리의 위와 아래 살이 움푹 패여 홈이 생기고 돌기가 계단 형태로 이어진 것처럼 보이는 난봉옥의 표피가 마치 거북이의 등껍질처럼 보인다 하여 붙여진 이름이다. 다양한 형태, 색이 존재하며 흰색 반점이 없는 녹색의 것은 구갑벽유리난봉옥(龜甲碧琉璃鸞鳳玉) 또는 구갑청난봉옥(龜甲靑鸞鳳玉)이라고 한다. 현재에도 많은 개량형들이 만들어지고 있는데, 특이한 뿔 (사실은 결절)이 생겨난 것들도 있어서 뿔이 서 있는 것, 아래 쪽을 향하고 있는 것, 앞 방향을 똑바로 가리키고 있는 것 등 다양한 형태가 존재한다.

구갑난봉옥(금)
Astrophytum myriostigma `Kikko` (variegated)

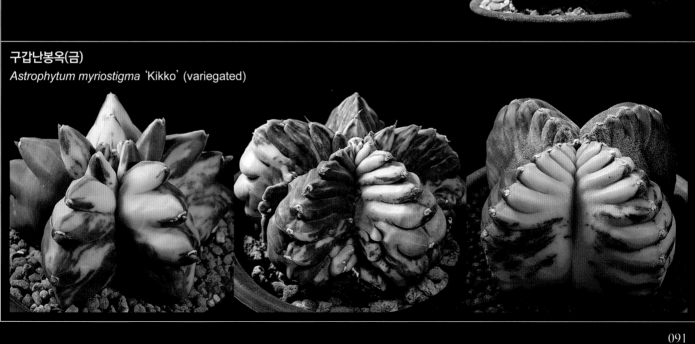

온즈카(恩稼) 난봉옥
Astrophytum myriostigma 'Onzuka'

일본인 육종가 온즈카 츠토무(恩場勉)씨에 의해 개발되어 전 세계로 퍼진 인기 품종이다. 1974년에서 1977년 사이에 난봉옥과 청난봉옥(=벽유리난봉옥) 사이에서 교배를 반복하던 중에 우연히 얻게 된 품종이라고 한다. 흰 그물코 모양의 무늬가 몸 전체를 뒤덮고 있으며, 개체별로 많은 변화가 있다.

삼각난봉옥(三角鸞鳳玉)

Astrophytum myriostigma var. tricostatum

3개의 능이 특징이다.

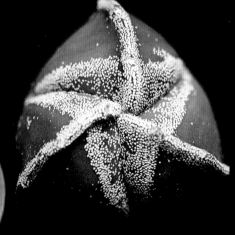

삼각난봉옥(금)

Astrophytum myriostigma **var.** *tricostatum* (variegated)

온즈카 난봉옥과 반야(般若) 사이의 교배종(철화)

Astrophytum myriostigma `Onzuka` x Astrophytum ornatum (cristata)

난봉옥 교배종
Astrophytum myriostigma hybrid

난봉옥과 투구 사이의 교배종에 발생한 석화와 금
Astrophytum myriostigma x
Astrophytum asterias
(variegated & monstrose)

복융난봉옥과 투구 사이의 교배종
Astrophytum myriostigma ˋFukuryuˊ x
Astrophytum asterias

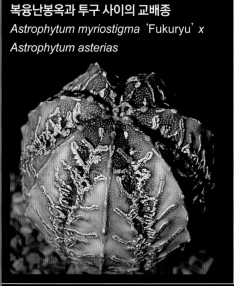

난봉옥과 투구 사이의 교배종
Astrophytum myriostigma x Astrophytum asterias

난봉옥과 투구 사이의 교배종에 금이 든 모습들
Astrophytum myriostigma x Astrophytum asterias (variegated)

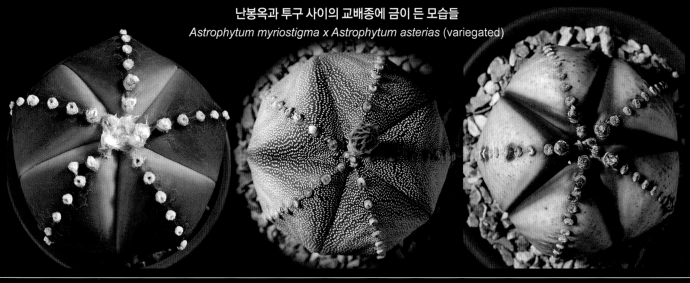

반야(般若)
Astrophytum ornatum

유성속의 선인장들 중 가장 키우기 쉽고 빨리 자라며 크기도 가장 큰 종류다. 평균적으로 8개 정도의 직선 또는 나선형의 능을 갖고 있으며 몸체를 덮고 있는 흰색 반점의 변화가 많은 편이다. 어려서는 둥근 형태이나 성장하면서 1m 정도의 크기까지 기둥형태로 자란다. 노란색의 꽃을 피우지만 개화까지는 다소 긴 시간이 필요하다.

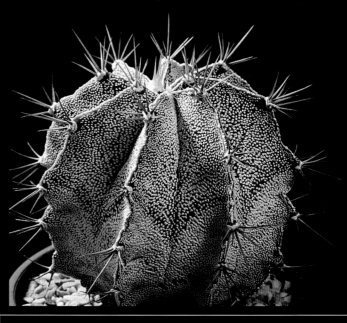

반야(철화)
Astrophytum ornatum (cristata)

반야(般若) [금]
Astrophytum ornatum (variegated)

복릉반야(復稜般若)
Astrophytum ornatum `Fukuryu`

반야 교배종
Astrophytum ornatum hybrid

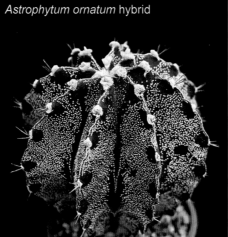

반야와 서봉옥(瑞鳳玉) 사이의 교배종
Astrophytum ornatum x
Astrophytum capricorn

원통단선(圓筒團扇)속
Austrocylindropuntia
아우스트로킬린드로푼티아속

───

속의 이름은 '남미 대륙에서 자라는 원통형의 부채선인장' 이라는 의미인데, 이는 북미에서 볼 수 있는 킬린드로푼티아(*Cylindropuntia*)와 아주 비슷한 모습을 하고 있기 때문이다. 원산지는 아르헨티나, 볼리비아, 페루, 에콰도르이며 야생에서는 해발 1,500~4,550m에 위치한 하루 종일 볕이 드는 노지에서 자생한다. 접목을 통한 번식이 선호된다.

일반적인 형태

보통 외대로 자라며, 상부에서 분지한다. 또는 줄기에서 마디를 내어 중간정도 크기의 관목처럼 성장한다. 가시자리는 솜털로 덮여있으며, 가시는 바늘처럼 단단하고 날카롭지만, 표면은 매끄럽다. 꽃이 꽤 크고 노란색과 분홍색, 빨간색 등이 있다. 열매는 껍질이 두껍고, 서양 배 같은 모양이다. 속에는 황갈색의 큰 종자가 들어있다.

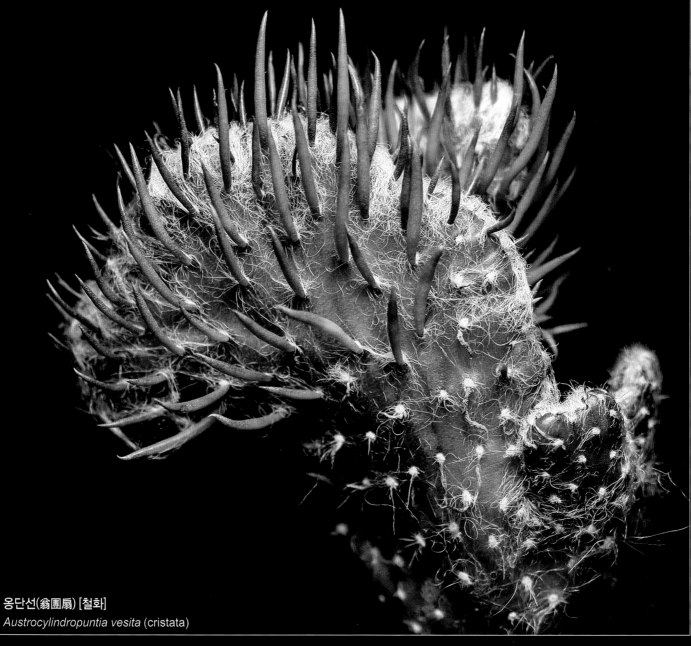

옹단선(翁團扇) [철화]
Austrocylindropuntia vesita (cristata)

아우스트로킬린드로푼티아 실린드리카 또는 군작(群雀)
Austrocylindropuntia cylindrica (cristata)

아우스트로킬린드로푼티아 라고푸스 또는 고원(高遠)
Austrocylindropuntia lagopus

추릉환(皺稜丸)속
Aztekium
아즈테키움속

1928년, 프리드리히 리터(Friedrich Ritter)는 멕시코의 누에보 레온(Nuevo Leon)에서 새로운 속의 선인장을 발견했다. 주름투성이인 선인장의 표피가 예전에 이 땅을 지배했던 아즈텍 민족의 조각과 비슷하다는 점에서, 그 선인장은 이후 아즈테키움(*Aztekium*)으로 명명되었다.

인류가 실제로 본 최초의 아즈테키움은 화롱(花籠, *Aztekium ritteri*)이며, 종의 이름은 이 선인장을 세계에 소개한 발견자인 프리드리히 리터에게 경의를 표하여 명명되었다. 그 후, 몇십 년 동안 이 선인장은 1속 1종으로 생각되었지만, 1991년에 두 번째 종인 추롱(皺籠, *Aztekium hintonii*)이, 2013년에는 세 번째 종인 홍롱(紅籠, *Aztekium valdezii*)이 발견되었다.

추릉환속은 어느 종이든 성장이 느린 소형 선인장뿐이며, 야생에서는 석회암질의 벼랑에서만 자생한다. 주의 깊게 찾지 않으면 못 보고 지나치기 쉽다. 신종이 잇따라 발견되고 있는 것도 이상한 일은 아니다.

일반적인 형태
줄기는 편평한 구형이다. 어릴 때는 자구를 만들지 않으며, 충분히 성장하고 나서 군생한다. 꽤 긴 시간이 지나야 겨우 꽃을 피운다. 꼭대기는 솜털로 살짝 덮여있으며, 능을 따라 털이 나는 종도 있다. 대부분 가시가 없거나, 아주 작은 가시를 가지거나 한다. 표피는 울퉁불퉁한 것과 선명한 가로줄무늬 모양으로 갈라진 틈이 난 것이 있으며, 녹색에서 청록색을 띠고 있다. 낮에 흰색 또는 자주가 섞인 복숭아색의 작은 꽃을 꼭대기에서 피운다.

추롱(皺籠)
Aztekium hintonii

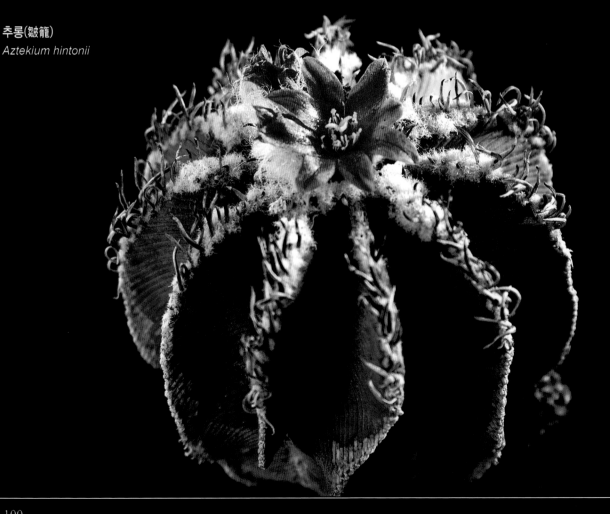

화롱(花籠)
Aztekium ritteri

화롱(철화)
Aztekium ritteri (cristata)

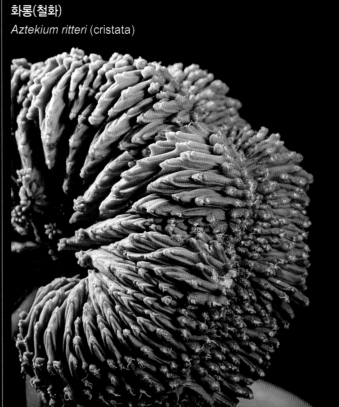

홍롱(紅籠)
Aztekium valdezii

종의 이름은 발견자인 마리오 발데즈 마로킨(Mario Valdez Maroquin)에게 경의를 표하여 명명되었다. 현재 시장에 나오는 것들은 모두 원산지에서 도굴된 것들의 자손이다. 초기에는 비싼 가격이 매겨지기도 했다. 꽃은 보라색을 띤 분홍색이며, 성장이 매우 느리다.

송로옥(松露玉)속
Blossfeldia
블로스펠디아속

───

가장 작은 선인장들의 순위표를 만든다면, 송로옥속 선인장은 틀림없이 순위권에 들 것이다. 왜냐하면 다 자란 선인장도 구체의 지름이 15mm를 넘지 않기 때문이다. 속의 이름은 최초 발견자인 해리 블로스펠드 주니어(Harry Blossfeld Junior)에게 경의를 표하여 지어졌다. 야생에서는 아르헨티나와 볼리비아의 해발 1,000~3,500m 지역에 위치한 바위 밭의 갈라진 틈에 자생한다. 후에 많은 신종들이 발견되었지만, 최종적으로는 송로옥(松露玉, *Blossfeldia liliputana*) 1종으로 통합되었다.

일반적인 형태

구형이며 가시가 작다. 어릴 때는 단구이지만, 성장하여 양분을 저장하기 시작하면 옆으로 자구를 만들어 군생한다. 정수리 부분에서 매우 작은 흰색 꽃이 무리지어 핀다. 익은 열매는 주황색을 띠며, 속에는 아주 작은 검은색 종자가 약간 들어있다.

어린 송로옥
Blossfeldia liliputana

송로옥(松露玉)
Blossfeldia liliputana

변경주(弁慶柱)속

Carnegiea
카르네기에아속

———

변경주(弁慶柱)
Carnegiea gigantea
영어명 : 사구아로선인장(Saguaro Cactus)

속의 이름은 미국의 대부호이자 철강왕이었던 앤드류 카네기(Andrew Carnegie)의 이름을 따라 지었다고 하며, 변경주 1종만이 속해 있는 단촐한 속이다. 현지에서는 사구아로(Saguaro)라는 이름으로 널리 알려져 있으며, 건축을 할 때 벽체를 세우는 주재료로 애용되고 있기도 하다. 현지의 원주민들은 또한 이 선인장을 이용해 와인을 만들기도 하고 종교의식에도 사용하고 있어서 매우 다양한 쓰임새를 갖는다. 성장은 매우 느리며 수명은 백 년 이상이라고 한다. 현재 자생지에서는 개체의 수가 많은 편이긴 하지만 과도한 이용으로 매년 감소하고 있는 중이다.

일반적인 형태
대형 선인장이며, 직경 65cm 이상, 수고는 13m 이상의 크기로 성장한다. 몸체는 녹색이며, 흰 색의 커다란 꽃을 밤사이 피우지만 다음날 낮이 되기 전에 닫히고 말아서 개화기간은 하루를 넘기지 않는 매우 짧은 형태를 갖고 있다. 열매는 녹색이지만 익으면서 분홍색에 가까운 적색으로 변한다. 열매 속에는 약 2,000개 이상의 종자가 들어 있다.

변경주(철화)
Carnegiea gigantea (cristata)

옹환(翁丸)속

Cephalocereus

케팔로케레우스속

———

속의 이름은 머리를 의미하는 그리스어 'Kephale'와 초(candle)를 의미하는 라틴어 'cereus'가 결합된 것이다. 모두 6종이 존재하지만 옹환(*Cephalocereus senilis*) 이외에는 별반 인기가 없는 편이다. 6종의 옹환속 선인장들은 모두 멕시코 남부지역에서 자생하고 있다.

일반적인 형태

성장이 빠른 편은 아니지만 기둥 형태로 수고 15m까지도 성장하는 대형종이다. 보통 외대로 자라지만 하단부에서 자구를 생산해 같이 자라기도 한다. 지름 6~8cm 정도의 꽃을 피운다. 꽃의 색은 노란색이 도는 흰색 또는 옅은 분홍색이며, 정수리가 아닌 옆의 가짜 꽃자리에서 밤 동안에 개화한다. 능과 가시자리는 모두 털에 푹 둘러싸여있다.

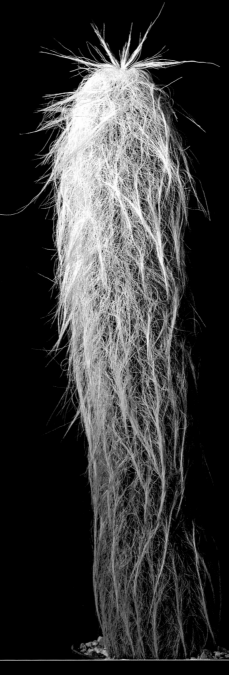

옹환(翁丸)

Cephalocereus senilis

영어명 : 노인선인장(Old Man Cactus)

이 종이 발견되고 형태에 대한 해설이 정리된 것은 1824년이지만, 유럽인들에게 수출된 것은 그 전부터 이미 이루어졌다. 줄기는 녹색의 막대 모양이며 15m 이상 자란다. 긴 털에 싸여있는 모습이 하얀 수염의 노인을 연상시킨다고 하여 '옹(翁)'이라는 애칭이 붙여졌다. 자생지에서 무분별한 채취를 막기 위해 법률로 보호되고 있는 종이기도 하다.

천륜주(天輪柱)속
Cereus
케레우스속
———

가장 오래된 속 중 하나이다. 식물학의 명명 시스템이 최초 도입된 1625년경, 린네에 의한 이명법이 광범위하게 사용되기 전에 이미 발견되어 이름이 붙여졌다. 속의 이름은 양초를 뜻하는 라틴어인 'cereus'에서 온 것이며, 어렸을 때 막대 형태의 양초 모양을 띤 상태를 비유한 것이다. 원산지는 남미 대륙의 아르헨티나, 볼리비아, 브라질, 우루과이 등지이며, 낮은 곳부터 해발 3,200m의 고지에 이르기까지 다양한 환경에서 자랄 수 있지만, 어느 곳이든 충분한 일조량이 있는 곳이어야 한다. 일반적으로 큰 인기는 없는 품종이지만 접목용 대목으로 이용되는 경우가 많다.

일반적인 형태

대형종이며, 높이는 12m나 된다. 단단한 가지 모양의 줄기에서 분지하고, 무리지어 자란다. 능의 수는 3~14개이며, 가시는 날카롭다. 밤에 흰색의 큰 꽃을 피우며, 그중에는 향기를 내뿜는 종도 있다. 열매는 구형 또는 타원형이며, 익으면 녹색, 적색, 청회색 등이 된다. 속에는 크고 검은 종자가 들어있다.

케레우스 포르베시 '밍싱' (석화)
Cereus forbesii 'Ming Thing' (monstrose)

나선 케레우스 포르베시
Cereus forbesii `Spiralis`

케레우스 포르베시(*Cereus forbesii*)의 변종이다. 나선
형으로 꼬인 능이 특징이며. 오른쪽으로 감긴 것과 왼쪽
으로 감긴 것이 있다. 기본형은 짧은 가지를 갖는 종이지
만. `울타리선인장` 또는 `페루사과선인장` 이라고 불리
우는 케레우스 레판두스(*Cereus repandus*)와의 이종
간 교배에 의해 만들어졌다는 가시가 긴 형태도 있다. 주
로 꺾꽂이와 실생재배를 통해서 번식시킨다.

케레우스 야마카루
Cereus jamacaru
원산지 : 브라질 동북부

자구를 쉽게 생산하는 편이며, 성장하면 약 5m 크기
까지 자란다. 30cm에 가까운 크기의 하얀색의 꽃을
밤 동안에 피워서 수분을 매개하는 곤충들을 유인한
다. 매우 짧은 개화기간을 갖고 있어서 다음날 낮이 되
기 전에 꽃은 닫히고 만다. 진한 보라색의 열매는 매
우 맛이 있어서 새들이 좋아하는 먹이가 된다. 몸체도
가시를 제거해서 동물들의 사료로 이용된다고 한다.

케레우스 야마카루(철화)
Cereus jamacaru (cristata)

요정의 성

Cereus `Fairy Castle`

원예품종 중에 `요정의 성`이라고 불리우는 종이 있다. 또한 간혹 `요정의 맨션` 같은 좀 더 우스운 이름들이 붙여지고 있기도 하다. 귀면각(鬼面閣, *Cereus hildmannianus*)의 원예품종인 이 종은 흔히 케레우스 우루구아야누스(*Cereus hildmannianus* subsp. *uruguayanus*)라는 학명으로 표기되기도 한다. 귀면각도 예전에는 케레우스 페루비아누스(*Cereus peruvianus*)라는 이름으로 불렸기 때문에 적절한 학명에 대한 혼란이 어느 정도 남아 있다.

요정의 성(금)
Cereus `Fairy Castle`
(variegated)

요정의 성(철화)
Cereus `Fairy Castle`
(monstrose)

케레우스 레판두스(철화)
Cereus repandus (cristata)

'울타리선인장', '페루사과선인장' 등으로 불린다.

잔설영(殘雪嶺)의 철화 형태
Cereus spegazzinii (cristata)

케레우스 레판두스(석화)
Cereus repandus (monstrase)

이 변이종은 흔히 '행운을 부르는 비취' 라는 이름으로 알려진 길상(吉祥)식물
이다. 변이를 통해 줄기가 나선형으로 뒤틀리며, 울퉁불퉁한 덩어리처럼 보인다.

케레우스 레판두스(철화 · 금)
Cereus repandus (cristata & variegated)

각릉주(角稜柱)속
Cipocereus
키포케레우스속

속의 이름은 이 속에 해당하는 식물이 최초로 발견된 브라질의 도시인 세라 두 시포(Serra do Cipo)와 연관되어 붙여졌다. 브라질의 해발 500~1,500m 지역에서만 발견되지만 개체수는 적다. 연구에 의하면, 각릉주속 선인장은 형상적 유사성을 띤 그룹 중에서 가장 오래된 선인장이라고 한다. 실생재배 또는 꺾꽂이를 통한 번식이 선호된다.

일반적인 형태
중·대형의 선인장이며, 줄기는 똑바로 서 있거나 다소 기울어진 막대 모양이다. 짧은 가시를 갖지만 가시가 아예 없는 종도 있다. 능의 수는 4~21개이며, 밤에 개화해서 다음날 낮이 되기 전에 닫혀버리는 꽃은 흰색 또는 옅은 노란색이다. 푸른색의 열매가 두드러진 특징 중 하나이다.

남릉주(藍稜柱)
Cipocereus bradei

줄기의 표면이 푸르스름하다. 브라질의 미나스제라이스
(Minas Gerais) 주에서만 드물게 나지만, 인간의 위협
에 노출되어 야생종은 거의 멸종되었다.

관화주(管花柱)속
Cleistocactus
클레이스토칵투스속

___

속의 이름은 닫는다는 뜻의 그리스어인 'kleistos'에서 유래하며, 합착하여 관 모양이 되는 꽃받침조각과 연관된 것이다. 꽃은 벌어지는 정도로 피며, 다른 종류의 꽃처럼 활짝 피지는 않는다. 수분을 매개하는 벌새를 유인하기 위해 꽃은 선명한 색을 띤다. 남미 에콰도르 남부에서부터 볼리비아, 더 나아가 아르헨티나 북부, 파라과이, 우루과이까지를 원산지로 하며, 해발 100~3,000m의 건조 지대에 자생한다. 30~50종이 존재하며, 많은 자연 교배종들도 볼 수 있다.

일반적인 형태

중 · 대형 선인장이며, 일부 종은 6m에 달한다. 줄기는 가늘고, 기어가듯이 자라기도 하며, 아래로 늘어지는 종도 있다. 능수는 5~30개이다. 단단한 가시가 나는 것도, 부드러운 모발 모양의 가시가 나는 것도 있다. 정수리에서 개화하고, 꽃받침조각은 관 모양으로 합착한다. 꽃은 노란색, 빨간색, 주황색의 고운 빛을 띤다. 열매는 소형의 구형이며, 속에는 작고 검은 종자가 들어있다.

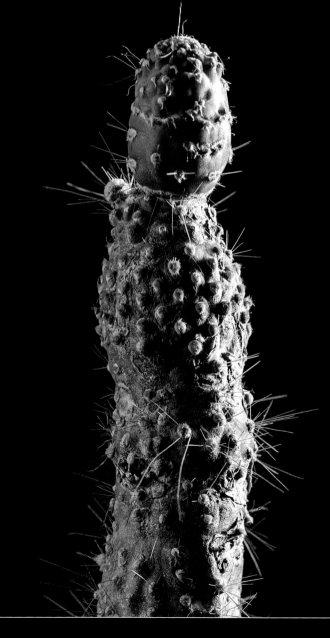

은영주(銀嶺柱) [석화]
Cleistocactus hyalacanthus (monstrose)

채무주(彩舞柱), (철화)
Cleistocactus samaipatanus (cristata)

취설주(吹雪柱)
Cleistocactus straussii

'은색횃불선인장'으로 불리며, 볼리비아 남부에 자생한다.

황금주(黃金柱)
Cleistocactus winteri

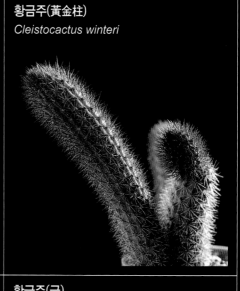

황금주
Cleistocactus winteri
원산지 : 볼리비아

'쥐꼬리선인장'으로도 불린다.

황금주(금)
Cleistocactus winteri (variegated)

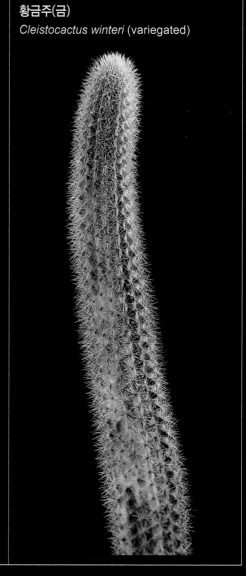

은장룡(銀裝龍)속

Coleocephalocereus

콜레오케팔로케레우스속

___

속의 이름은 그리스어로 에워싼다는 뜻의 `koleos`와 머리를 뜻하는 `kephale`에서 온 것이며, 정수리에서 다발 모양이 되는 두꺼운 꽃자리의 형태를 비유한 것이다. 브라질이 원산지이며, 해발 200~800m 화강암 산지의 능선을 따라 자생한다. 연구에 의하면, 구름선인장(*Melocactus*)속과 가깝고, 종자, 꽃, 열매 모두가 많은 유사한 형태를 띤다. 야생에서는 도마뱀과 개미가 열매를 먹는 과정에서 종자가 확산된다. 약 10종이 존재한다.

일반적인 형태

소형이며, 8~35개의 능 위에 여러 가지 형상의 가시가 나있다. 성장하면 정수리에 꽃자리를 형성하고, 관 모양의 작은 꽃을 피운다. 꽃의 색은 흰색 또는 빨간색이며, 수분을 매개하는 박쥐와 나방을 유인하기 위해 밤에 개화한다. 열매는 소형의 구형이며, 익으면 분홍색에서 적색이 된다. 속에는 검고 알이 작은 종자가 많이 들어있다.

호백주(浩白柱)
Coleocephalocereus goebelianus

천자단선(薦子團扇)속
Consolea
콘솔레아속

속의 이름은 이탈리아의 식물학자이자, 선인장 그룹의 식물을 전문으로 하는 미켈란젤로 콘솔(Michelangelo Console)의 이름을 딴 것이다. 이 속은 부채선인장(*Opuntia*)속과 가깝지만, 줄기의 형상과 형태가 다르다. 카리브 해의 많은 섬들에 자생하며, 대부분은 더운 기후에서 잘 자란다. 9종 정도 있고 튼튼하고 재배가 쉬운 선인장이지만, 별로 인기는 없다. 실생재배와 꺾꽂이로 번식시킨다.

일반적인 형태
줄기는 구형이며, 잎은 납작하고 긴 타원형 모양이다. 분지하여 관목상이 되며, 1~4m 높이가 된다. 여러 가지 형상의 가시를 갖지만, 가시가 없는 종도 존재한다. 가지 끝에서 노란색, 주황색, 빨간색 등 다양한 색의 꽃을 피운다. 낮에 꽃을 피우고, 밤에는 꽃을 닫는다. 수분과 결실 모두 용이하다.

금란단선(金蘭團扇)
Consolea falcata

용조옥(龍爪玉)속

Copiapoa

코피아포아속

속의 이름은 이 식물이 최초로 발견된 칠레의 도시인 '코피아포아'의 이름을 딴 것이며, 칠레 북부와 중부에 펼쳐진 아카타마 사막에서만 볼 수 있는 고유종이다. 예전에는 에키노칵투스(*Echinocactus*)속으로 분류되어 있었지만, 그 후 새로운 분류가 실시되어 용조옥(*Copiapoa*)속으로 분리되었다.

이 종은 부드러운 육질과 단단한 육질을 가지는 두 그룹으로 나눌 수 있다. 어느 종이든 건조한 황야에 자생하지만, 그곳에서는 한 해에 몇 번 내리지 않는 빗물에 의지하여 살아야만 한다. 연구에 의하면, 그중에는 재배지로 옮기면 자생지에 있었을 때의 몇 배의 속도로 성장하는 종도 있다. 또한 수명이 몇 백 년 이상 되며, 성장한 후가 아니면 꽃을 피우지 않는 종도 있다. 총 30종 정도 존재하며, 물 빠짐이 좋은 토양과 강한 햇빛, 통기성이 좋은 곳을 선호한다. 이러한 조건이 아니라면 썩기 쉽다.

일반적인 형태

용조옥속에는 단간인 것과 군생하는 것이 있다. 뿌리를 몇 미터 길이로 뻗으며, 그 뿌리로 자신의 몸체를 지표에 고착시키고, 사막의 지하 깊숙한 곳에 존재하는 수맥을 찾는다. 가시자리는 꽤 크고, 줄기의 색은 녹색에서 청회색이다. 가시는 곧고 뾰족하게 난 것과 다소 구부러진 것 등 다양하며, 흰색과 검은색, 노란색 등의 색감을 띤다. 정수리의 솜털 사이에서 노란색 또는 빨간색 꽃을 피운다. 개화일수는 겨우 1~2일 정도이다. 종자는 구형이고 매끄러운 표피를 가지며, 작고 검다. 개미와 바람에 의존하여 번식한다.

코피아포아 아레메피아나
Copiapoa ahremephiana

흑왕환(黑王丸)
Copiapoa cinerea

이 이름은 회색이라는 뜻의 라틴어 'cinereus'에서 온
것으로, 흰 납질을 뒤집어쓴 것 같은 이 식물의 표피 색
과 연관된 이름이다. 이 표피 색과 검게 윤이 나는 가시와
의 대비가 근사하게 보인다. 각각의 가시자리에는 3~5
개의 가시가 있다. 짧은 가시를 갖는 개체도 있지만, 이
것은 매우 드문 타입이라고 말할 수 있다.

무자흑왕환(無刺黑王丸)
Copiapoa cinerea 'Inermis'

흑왕환(금)
Copiapoa cinerea (variegated)

제관용(帝冠龍)
Copiapoa calderana

명왕옥(冥王玉)
Copiapoa lembckei

116

고룡환(孤龍丸)
Copiapoa cinerea var. *columna-alba*

흑왕환의 아종(亞種)이다. 칠레의 해안선을 따라 해발 500m 정도에서 자생하며, 비가 거의 오지 않는 지역이므로 주로 바다에서 생겨나는 해무 속 수분을 흡수하는 방식으로 생존을 유지한다. 자구는 거의 만들지 않고 대개는 기둥 형태의 단구로 성장하며, 몸체가 일반적인 흑왕환보다 훨씬 더 흰색을 띄는 점이 특이하다(하얀 기둥이라는 의미에서 'columna-alba' 라는 이름을 얻었다). 성장은 느리지만, 자라면 10~20cm 정도의 굵기에 대략 50~75cm 정도의 높이가 된다. 자생지에서는 바다에서 불어오는 바람의 방향에 맞추어 눈에 띄게 태양이 있는 방향을 향해 기울어진 형태로 성장하는데, 이 때문에 사람들은 마치 대지가 기울어 있는 듯 착시가 생긴다고들 한다. 같은 속 중에서도 가장 장식적이며 미적가치가 높은 종이다.

역인옥(逆鱗玉) 또는 하셀토니아
Copiapoa cinerea var. *haseltoniana*

무자고룡환(無刺孤龍丸)
Copiapoa cinerea var. *columna-alba* 'Inermis'

코피아포아 아타카멘시스
Copiapoa calderana subsp. *atacamensis*

제관용의 아종이다.

용조환(龍爪丸)
Copiapoa coquimbana

용아옥(龍牙玉)
Copiapoa cinerascens

흑사관(黑士冠) 또는 코피아포아 딜바타
Copiapoa dealbata

예전에는 호창환(豪槍丸, *Copiapoa malletiana*)이라 불리던 조금 다른 형태도 모두 흑사관이라는 종으로 통합되었다.

용마옥(龍魔玉)
Copiapoa echinoides

예전에는 동라환(銅羅丸, *Copiapoa dura*)이라고 분류했지만 지금은 용마옥으로 통합되었다.

예전에는 무용환(無龍丸, *Copiapoa marginata* var. *bridgesii*)으로 분류했지만 지금은 용마옥으로 통합되었다.

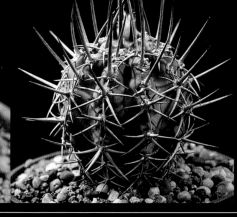

폭룡환(爆龍丸)
Copiapoa coquimbana var. *fiedleriana*

코피아포아 그리세오비올라세아
Copiapoa griseoviolacea

용마옥으로 통합된 동라환과 비슷하지만, 가시가 훨씬 빽빽이 엉킨 상태로 내부를 향해 휘어있는 점에서 차이가 있다.

류선인(瘤仙人)
Copiapoa hypogaea

종의 이름은 '지하'라는 뜻의 그리스어에서 유래되었으며, 지하에 숨어 있는 줄기를 비유한 이름이다. 한자의 이름인 '류선인'은 '얼굴에 곰보가 있는 신선'이라는 뜻으로, 표피는 짙은 녹색 또는 보랏빛을 띠는 녹색이며, 노란 꽃을 정수리 중앙에서 피운다. 크게 보아 두 가지 타입이 있다. 즉, 칠레의 차냐랄(Chanaral) 시 북부에 자생하며 표피가 조금 평활한 종류와 남부에 자생하며 표피가 마치 도마뱀의 피부같이 울퉁불퉁하여 '리자드 스킨'이라는 이름으로 불리는 것이 그것이다. '리자드 스킨'이 입수하기도 쉽고 성장도 좀 더 빠르며 꽃도 잘 피워서 널리 보급되어 있는 종이다.

'리자드 스킨'
Copiapoa hypogaea 'Lizard Skin'

자인룡(紫鱗龍)
Copiapoa hypogaea var. *barquitensis*

현재는 류선인에 통합되었다.

코피아포아 라우이
Copiapoa hypogaea subsp. *laui*

류선인의 아종이다.

코피아포아 라우이(철화)
Copiapoa hypogaea subsp. *laui* (cristata)

공자환(公子丸)

Copiapoa humillis

이 종은 다양한 형상을 띤다. 저지대에서부터 해발 1,200m에 이르는 넓은 범위에 걸쳐 분포하고 있다. 부드러운 육질의 몸체에, 땅 아래로는 긴 괴근을 형성해서 수분과 양분을 저장한다. 군생을 이루는 경우가 많다.

장자공자환(長刺公子丸)

Copiapoa humillis var. *longispina*

따로 분류되었던 코피아포아 후밀리스 바리스피나타(*Copiapoa humillis* subsp. *variispinata*)는 지금은 공자환으로 통합되었다.

공자환(철화)

Copiapoa humillis (cristata)

어린옥(魚鱗玉)

Copiapoa humillis subsp. *tenuissima*

어린옥(철화)

Copiapoa humillis subsp. *tenuissima* (cristata)

어린옥(철화 · 석화)

Copiapoa humillis subsp. *tenuissima* (cristata & monstrose)

대목 위에 접붙여져 있는 상태이다.

코피아포아 데코르티칸스
Copiapoa decorticans

예전에는 코피아포아 '보티야' (*Copiapoa* sp. 'Botija') 라는 이름으로 불렸다. 번식이 특정지역에 한정되어 있으며, 야생의 개체수가 감소하고 있어서 멸종위기종으로 분류되어 있다.

뇌혈환(雷血丸)
Copiapoa krainziana

예전에는 코피아포아 크라인지아나 스코풀리나 (*Copiapoa krainziana* var. *scopulina*) 라는 학명으로 불렸지만 현재는 뇌혈환으로 변경되었다. 종의 이름은 한스 크라인츠(Hans Krainz)에게 경의를 표하는 의미에서 지어졌다. 자생지는 매우 좁은 지역에 한정되어 있으며, 연간 100mm도 되지 않는 강수량과 강렬한 햇빛 속에서 생존하고 있으므로 매우 강인한 종이라 하겠다. 길고 흰 가시가 특징이고, 1m 이상의 군생체를 형성하기도 하지만 성장은 매우 느리다.

황자(黄刺) 뇌혈환
Copiapoa krainziana 'Brunispina'

코피아포아 레오넨시스
Copiapoa leonensis

귀신용(鬼神龍)
Copiapoa boliviana subsp. *longistaminea*

용린환(龍鱗丸)
Copiapoa marginata

호염옥(虎髥玉)
Copiapoa megarhiza

호염옥의 일종인 에키나타
Copiapoa megarhiza var. *echinata*

요귀옥(妖鬼玉)
Copiapoa montana

코피아포아 몰리쿨라
Copiapoa mollicula

현재는 요귀옥으로 명칭이 변경되었다.

코피아포아 그란디플로라
Copiapoa montana subsp. *grandiflora*
(↔ *Copiapoa grandiflora*)

요귀옥의 일종

흑류환(黑瘤丸)
Copiapoa esmeraldana

조금은 불분명한 종이다. 현재는 코피아포아 그란디플로라(*Copiapoa grandiflora*)에 통합해서 부른다.

공자환(公子丸) [금]
Copiapoa humillis (variegated)

코피아포아 슈르시아나
Copiapoa schulziana

코피아포아 루페스트리스
Copiapoa rupestris

코피아포아 루페스트리스 데세르토룸
Copiapoa rupestris subsp. *desertorum*

사환(蛇丸)
Copiapoa serpentisulcata

태양환(太陽丸)

Copiapoa solaris

이 종은 직경이 3m를 넘는 750두 이상의 커다란 군생체를 형성하기 때문에 세계에서 가장 거대한 종 중 하나로 여겨진다. 이 종의 종자는 발아율이 낮을뿐더러 모종을 기르는 데만 1년 이상이 걸린다. 성장은 느리고 수명도 길다는 점에서 수집가들의 소유욕을 불러일으키는 선인장이다.

곤봉부채선인장속
Corynopuntia
코리노푼티아속

———

속의 이름은 곤봉을 뜻하는 그리스어인 `coryne`에서 온 것이다. 곤봉의 모양을 띤 부채선인장이라는 의미이며, 곤봉부채선인장(Club Opuntia) 또는 곤봉촐라(Club Chollas)라는 명칭으로도 불린다. 북미 대륙 남부에 분포하며, 야생에서는 해발 2,500m 정도의 고지대 돌투성이의 건조한 황야에서 자생한다. 대략 15종 정도가 존재하며, 무사단선(武士團扇, *Grusonia*)속으로 분류하는 전문가도 있다. 실생재배와 꺾꽂이로 번식한다.

일반적인 형태

소형 관목이며, 원통 형태의 줄기가 겹쳐 작은 군생체가 된다. 곧게 뻗은 흰색 또는 노란색의 날카로운 가시가 있으며, 중앙 가시는 큰 편이다. 꽃은 대체로 노란색이지만, 흰색이나 분홍색인 종도 있다. 열매는 팽이 모양부터 타원형까지 다양하며, 익으면서 노란색에서 갈색까지 색이 변한다. 열매의 껍질은 가시로 덮여있지만, 속에는 연한 노란색부터 갈색의 종자들이 들어있다.

코리노푼티아 모엘레리
Corynopuntia moelleri
원산지 : 멕시코

코리노푼티아 인빅타
Corynopuntia invicta
원산지 : 멕시코

125

봉리환(鳳梨丸)속
Coryphantha
코리판타속

비교적 작고 둥글거나 원통형의 몸체에 뚜렷한 능이 없이 결절들이 모여 있는 형태의 선인장들이다. 속의 이름은 정상(頂上)과 꽃을 의미하는 그리스어인 'coryph'와 'antha'를 합쳐서 지어졌으며, 이 속의 선인장들이 꽃을 정수리 부근에서 피우는 것에서 착안한 것이다. 미국의 남부지역과 멕시코의 북부지역에 걸쳐 자생하며, 대략 47여 종이 이 속에 포함된다. 물 빠짐이 좋은 토양과 바람이 잘 통하는 곳을 좋아하며, 재배는 쉬운 편이어서 광범위하게 보급되어 있는 선인장들이다.

비슷한 지역에 걸쳐서 자생하고 있는 마밀라리아속이나 에스코바니아속 선인장들과는 쉽게 혼동되며 자체적으로도 성장에 따른 외부 모양의 변화가 심해서 종의 정확한 분류를 매우 어렵게 한다. 적어도 실생 2년은 되어야 꽃을 피우는 마밀라리아속 선인장들과는 달리 봉리환속 선인장들은 실생 첫 해부터 꽃을 피운다. 정수리에서 꽃을 피우는 점도 차이인데, 마밀라리아속은 조금 밑에서 핀다. 에스코바니아속 선인장과의 구별은 조금 더 미묘해서 씨앗 표면의 그물 모양의 무늬를 보고 분별하는 경우가 많다.

상아환(금)
Coryphantha elephantidens (variegated)

일반적인 형태
능이 없이 결절들이 구형 또는 계란형으로 융기한다. 얇고 가는 가시가 밀집하여 몸체의 표면이 보이지 않을 정도가 되기도 한다. 깔때기 모양의 비교적 큰 꽃이 정수리에서 피며, 꽃의 색은 다양하다. 열매는 계란형이며, 익으면 빨갛게 변한다. 갈색의 종자가 들어있다.

상아환(象牙丸)
Coryphantha elephantidens
원산지 : 멕시코

종의 이름은 상아를 뜻하는 라틴어에서 온 것이며, 코끼리의 송곳니와도 비슷하게 생긴 큰 가시에 비유한 것이다. 야생에서는 해발 1,100~2,000m 정도의 지역에 자생한다. 이 속의 선인장 중 가장 큰 종이며, 다양한 형태의 변화를 보인다. 꽃은 대부분이 분홍색이지만, 드물게 노란색이나 흰색도 볼 수 있다. 멕시코에서는 보호대상 식물로 분류되어 있다.

상아환(象牙丸) [석화]
Coryphantha elephantidens (monstrose)

상아환(석화)
Coryphantha elephantidens (monstrose)

철화와 금이 동시에 생겨난 상아환
Coryphantha elephantidens (cristata & variegated)

상아환(철화)
Coryphantha elephantidens (cristata)

단자상아환(短刺象牙丸)
Coryphantha elephantidens `Tanshi`
(↔ *Coryphantha elephantidens* `Brevisinus`)

단자상아환의 한 종류인 '타이탄'
Coryphantha elephantidens `Titan`

천사환(天司丸)
Coryphantha elephantidens subsp. *bumamma*

천사환 '그린'
Coryphantha elephantidens subsp. *bumamma* `Green`

보통, 천사환과 혼용한다.

천사환 '그린' (철화)
Coryphantha elephantidens subsp. *bumamma* `Green` (cristata)

대천사환(大天司丸)
Coryphantha elephantidens subsp. *greenwoodii*

흑상환(黑象丸)
Coryphantha maiz-tablasensis

자생지의 도로 건설과 농업 개발로 현재는 멸종위기종이다.

흑상환(금)
Coryphantha maiz-tablasensis (variegated)

사자분신(獅子奮迅)
Coryphantha cornifera

봉무(鳳舞)
Coryphantha kraciki

용천환(勇天丸)
Coryphantha macromeris subsp. *runyonii*

금환촉(金環觸) 또는 성웅환(聖雄丸)
Coryphantha pallida

고경환(금)
Coryphantha pallida subsp. *calipensis*
(variegated)

고경환(古鏡丸)
Coryphantha pallida subsp. *calipensis*
원산지 : 멕시코

강정(鋼釘)
Coryphantha tripugionacantha
원산지 : 멕시코

무사자(舞獅子)
Coryphantha ottonis
원산지 : 멕시코

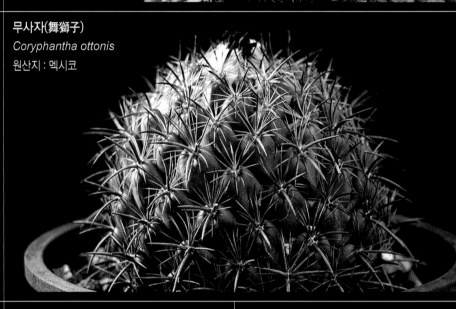

대상관(大祥冠)
Coryphantha poselgeriana

코리판타 살름-디키아나
Coryphantha salm-dyckiana
원산지 : 멕시코

백응환(白應丸)
Coryphantha sulcata
원산지 : 미국 및 멕시코

봉화환(鳳華丸)
Coryphantha retusa
원산지 : 멕시코

봉화환(철화)
Coryphantha retusa (cristata)

봉화환(금)
Coryphantha retusa (variegated)

정미환(精美丸)
Coryphantha werdermannii
원산지 : 멕시코

야생에서는 멕시코 북부 시에라 파일라 코아우일라
(Sierra Paila Coahuila)의 건조한 지역에서만 자
생한다. 멸종위기에 처한 야생동식물종의 국제거래
를 규제하는 협약(CITES)의 부속서 1에 등록되어
있는 유일한 봉리환속 선인장이다. 소형이며, 성장
은 느리고, 수령이 8년이 넘어서야 겨우 꽃이 핀다.
꽃의 지름은 약 6cm이고 꽃의 색은 노란색, 열매
는 녹색이다.

131

자단선(刺團扇)속
Cumulopuntia
쿠물로푼티아속

속의 이름은 집적(集積)을 뜻하는 그리스어인 `cumulo`에서 온 것이며, 이 식물이 부채선인장처럼 자구를 만들며 군생하는 모습을 비유한 것이다. 예전에 단선(團扇, *Opuntia*)속으로 분류되었던 적이 있지만, 후에 분리되었다. 아르헨티나 북부, 볼리비아, 칠레, 페루까지의 남미 대륙에 분포하며, 야생에서는 평균 해발 4,700m 정도 고지대의 일조량이 좋은 장소에서 자생한다. 18종 이상이 존재한다.

일반적인·형태
중형의 관목이다. 줄기는 구형 또는 타원형이며, 겹쳐지듯이 위로 뻗어간다. 대부분은 날카로운 가시를 갖는다. 가시가 짧은 종과 가시가 긴 종이 있다. 가시의 색은 흰색과 갈색 등 여러 가지다. 노란색, 주황색, 빨간색의 커다란 꽃이 낮에 핀다. 종자는 구형에서 타원형을 띠고, 속에는 다갈색 종자가 들어있다.

귀무자(鬼武者)
Cumulopuntia zehnderi
원산지 : 페루

삼해옥(三海玉)
Cumulopuntia pentlandii
원산지 : 아르헨티나, 볼리비아, 페루

원주단선(圓柱團扇)속

Cylindropuntia

킬린드로푼티아속

———

속의 이름은 원통형의 줄기를 가진 부채선인장을 뜻한다. 북미대륙의 남부 해발 0~2,100m에 위치한 사막에 자생한다. 예전에는 단선(團扇, *Opuntia*)속의 아종으로 분류되었지만, 후에 분리되었다. 모두 30종이 존재하는 것 외에 자연교배종의 발견도 드물게 보고된다.

일반적인 형태

단구이며, 줄기의 상부에 줄기마디를 낸다. 또는 가지에서 줄기의 마디를 늘려 중형 관목이 된다. 가시자리에는 여러 가지 타입이 존재하며, 꽃의 색은 노란색, 녹색이 도는 노란색, 분홍색, 빨간색이다.

사슬촐라선인장
Cylindropuntia cholla
원산지 : 멕시코

133

인단선(鱗團扇)

Cylindropuntia fulgida

원산지 : 멕시코

영어명 : 점핑촐라선인장(Jumping Cholla Cactus)

중형 관목이며, 줄기에 날카로운 가시가 있다. 재배가 용이하며, 적응력이 높다.
살아있는 울타리로 심는 지역도 있으며, 열매는 식용으로 사용할 수 있다.

인단선(철화)

Cylindropuntia fulgida (cristata)

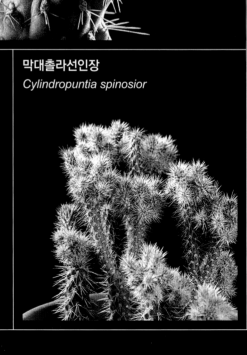

킬린드로푼티아 히스트릭스

Cylindropuntia hystrix

실버촐라선인장

Cylindropuntia echinocarpa

막대촐라선인장

Cylindropuntia spinosior

화염룡(火焰龍)속

Denmoza

덴모자속

속의 이름은 종이 최초로 발견된 아르헨티나의 도시인 멘도자(Mendoza)의 철자를 응용한 것이다. 예전에는 에키노칵투스(*Echinocactus*), 케레우스(*Cereus*), 클레이스토칵투스(*Cleistocactus*), 에키놉시스(*Echinopsis*), 오레오케레우스(*Oreocereus*), 필로소케레우스(*Pilosocereus*) 같은 많은 속들을 포함했지만, 최종적으로 각각 개별적인 속이 신설되었다. 현재는 1~2종으로 구성된다.

일반적인 형태

줄기의 형태는 구형인 것부터 키가 큰 것까지 다양하며, 대부분이 단간이다. 길고 굽은 가시가 나있으며, 가시의 색은 갈색을 띤 붉은색이나 회색 등으로 나이가 들어가며 변화한다. 표피는 평활하며 녹색을 띤다. 정수리에서 낮에 가는 관처럼 생긴 꽃을 피운다. 수분을 중개하는 벌새를 유인하기 위해 꽃의 색은 선명하다. 구형을 띠는 열매는 짧은 가시로 덮여있고, 익으면 벌어진다. 속에는 흰 과육과 타원형의 검은 종자가 들어있다.

천환(薦丸)
Denmoza rhodacantha
원산지 : 아르헨티나 서북부

135

원반옥(圓盤玉)속
Discocactus
디스코칵투스속

속의 이름은 접시 또는 원반을 뜻하는 그리스어인 'discus'에서 온 것이며, 둥글고 키가 작은 이 선인장의 형상을 비유한 것이다. 브라질에서부터 볼리비아 동부와 파라과이 북부에 걸친 지역에 자생한다. 7종이 존재하지만, 모두 야생멸종이 우려되는 희소종이다. 멸종위기에 처한 야생동식물종의 국제거래에 관한 협약(CITES)에 의해 보호 대상이 되었으며, 이 협약의 부속서 1에 기재되어 상업목적의 국제거래가 전면적으로 금지되어 있다. 단, 수입국과 수출국의 정부가 허가서를 발행한 연구 및 번식을 목적으로 한 경우에는 제외된다.

일반적인 형태

줄기는 편평한 구형이다. 가시는 짧고 작은 것부터, 빽빽이 얽혀있어 마치 새둥지처럼 보이는 것까지 여러 가지 형태가 있다. 성장하면 정수리의 꽃자리에서 밤중에 흰색의 좋은 향을 가진 꽃을 피우지만, 개화일수는 하루에 불과하다.

원우원반옥(圓尤圓盤玉)
Discocactus bahiensis
원산지 : 브라질

브라질 바이아 주 근처의 해발 380~650m 지역에 자생한다. 도로와 댐 건설의 영향으로 자생지에서는 멸종이 우려되는 상황이다. 하지만 심각하게도, 현존하는 야생 개체의 자생지는 모두 보호구역 밖에 있다.

능파관(綾波冠)
Discocactus subviridigriseus

현재는 행기(行基, *Discocactus placentiformis*)로 이름이 바뀌었다.

백자원반옥(白刺圓盤玉)
Discocactus ferricola
원산지 : 브라질

이 종은 천애옥(天涯玉)의 아종이다.

백자원반옥(금)
Discocactus ferricola
(variegated)

백자원반옥(석화)
Discocactus ferricola (monstrose)

천애옥(天涯玉)
Discocactus heptacanthus
원산지 : 브라질, 볼리비아, 파라과이

디스코칵투스 세파리아시큘로수스
Discocactus cephaliaciculosus

현재는 천애옥으로 이름이 변경되었다.

디스코칵투스 카틴기콜라
Discocactus heptacanthus subsp. *catingicola*
원산지 : 브라질 및 볼리비아 동부

옥배화(玉盃華) 또는 디스코칵투스 홀스티
Discocactus horstii
원산지 : 브라질 동부

재배가들 사이에서 매우 인기있는 종이다. 석영 광산에 자생하는 바람에 야생종의 수가 급감하여 멸종위기에 직면해 있다. 이 종은 능에 달라붙는 흰색의 짧은 가시가 특징이며, 표피의 색은 짙은 녹색에서 흑자색이다. 다른 종에 비해 화통(花筒)이 짧다.

옥배화 또는 디스코칵투스 홀스티(금)
Discocactus horstii (variegated)

옥배화(玉盃華) 또는 디스코칵투스 홀스티(철화)
Discocactus horstii (cristata)

금(錦)이 든 원반옥의 교배종들
Discocactus hybrid (variegated)

행기(行基)

Discocactus placentiformis

원산지 : 브라질 남부

다양한 변화가 있는 종이며, 예전에는 가시의 모양과 자생지에 따라 다음과 같은 종의 이름으로 불리기도 했지만, 현재는 모두 행기로 통합되었다.

예전 이름
디스코칵투스 알테올렌스
Discocactus alteolens

예전 이름
디스코칵투스 크리스탈로필루스
Discocactus crystallophilus

예전 이름
디스코칵투스 인시그니스
Discocactus insignis

예전 이름
디스코칵투스 인시그니스(금)
Discocactus insignis (variegated)

예전 이름
디스코칵투스 라티스피누스
Discocactus latispinus `HU 639`

예전 이름
디스코칵투스 라티스피누스(금)
Discocactus latispinus (variegated)

라티스피누스는 가시가 넓다는 의미다.

예전 이름
디스코칵투스 풀비니카피타투스
Discocactus pulvinicapitatus

천애옥(天涯玉)의 아종인 마그니맘무스
Discocactus heptacanthus subsp. *magnimammus*
원산지 : 브라질, 파라과이

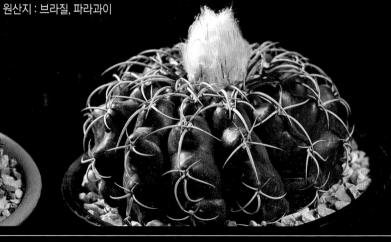

지주환(蜘蛛丸)
Discocactus zehntneri
원산지 : 브라질 동부

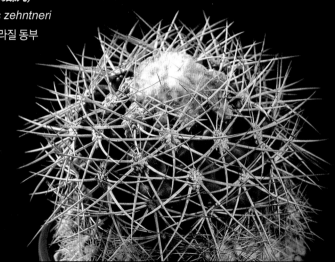

지주환의 아종인 월화연(月華宴)
Discocactus zehntneri subsp. *boomianus*
원산지 : 브라질 동부

월화연(금)
Discocactus zehntneri subsp. *boomianus* (variegated)

141

금호(金琥)속
Echinocactus
에키노칵투스속
___

속의 이름은 고슴도치처럼 단단한 가시를 가진 동물을 뜻하는 그리스어인 `echinos`에서 온 것이며, 이 속의 가시 특성을 그대로 나타내고 있다. 밀접한 관계인 펠로칵투스(*Felocactus*)속 선인장들과 함께 흔히 `술통(barrel)형 선인장`으로 불린다. 매우 작은 종부터 1m 이상의 폭에 2m 이상의 높이를 갖는 종에 이르기까지 매우 다양한 형태를 갖고 있다. 실생재배로 번식시킨다. 성장 속도는 빠른 편이고, 내한성도 어느 정도는 강하다.

일반적인 형태
구형 또는 타원형의 단간이며, 8~50개의 능이 있다. 성장하면 정점이 털로 덮이고, 그곳에서 몸체의 크기에 비해 작은 꽃이 원 모양으로 무리지어 핀다. 꽃의 색은 노란색 또는 분홍색이다. 열매는 계란형에서 작은 곤봉 같은 형태까지 다양하며 부드러운 털로 싸여있다. 익으면 빨간색으로 변하고 속에는 검은색의 씨앗이 들어있다.

금호(金琥) [금]
Echinocactus grusonii (variegated)

금호(金琥)

Echinocactus grusonii

원산지 : 멕시코 중부

황금빛으로 빛나는 멋진 가시와 재배의 용이함으로 인해 세계적으로 사랑받는 선인장이다. 대표적인 술통 (barrel)형 선인장이기도 하다. 어릴 때는 능도 결절도 분명하지 않지만, 성장함에 따라 능의 수는 많아지고 가시가 점차 짧아진다. 충분히 자라면 몸체의 직경은 1m 이상이 되며, 내부에 대량의 수분을 모아둘 수 있다. 수명은 매우 길고, 실생하였을 때부터 30년은 지나야 꽃을 피운다. 열매는 몸체에 비해 작고 꽃은 선명한 황색이다. 야생 개체 수는 감소하고 있어 멸종이 우려되는 상황이지만 인기 품종으로 현재 널리 재배되고 있다. 가시 형태의 종류에 따라 여러 품종명이 붙여지고 있다.

금호(석화)
Echinocactus grusonii (monstrose)

금호(철화)
Echinocactus grusonii (cristata)

백자금호(白刺金琥)
Echinocactus grusonii ‘Albispinus’

백자금호(석화)
Echinocactus grusonii ‘Albispinus’ (monstrose)

단자금호(短刺金琥)
Echinocactus grusonii ‘Brebispinus’

금호 ‘인터메디우스’
Echinocactus grusonii ‘Intermedius’

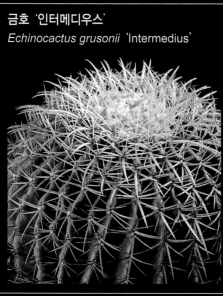

금호 ‘산후안 델 카피스트라노’
Echinocactus grusonii ‘San Juan del Caspitrano’

단자금호의 일종
Echinocactus grusonii ‘Tanshi Kinshachi’

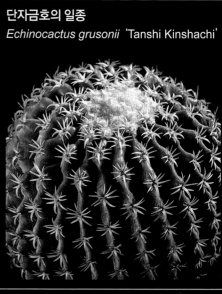

무자금호(無刺金琥)
Echinocactus grusonii ‘Inermis’

무자금호(철화)
Echinocactus grusonii ‘Inermis’ (cristata)

무자금호(금)
Echinocactus grusonii ‘Inermis’ (variegated)

태평환(太平丸)
Echinocactus horizonthalonius
원산지 : 미국 및 멕시코

야생에서는 해발 600~2,500m의 지역에 자생하며, 성장이 매우 느리다. 청회색 표면에 붉은색을 띠는 갈색의 가시가 있다. 꽃은 큰 편이며 선명한 분홍색이다.

태평환(철화)
Echinocactus horizonthalonius (cristata)

태평환(금)
Echinocactus horizonthalonius (variegated)

취평환(翠平丸)
Echinocactus horizonthalonius `Complatus`

대룡관(大龍冠)
Echinocactus polycephalus
원산지 : 미국 서남부에서 멕시코 북부까지

신용옥(神龍玉)
Echinocactus parryi
원산지 : 멕시코

능파(綾波)
Echinocactus texensis
원산지 : 미국 서남부에서 멕시코 동북부까지

우거진 수풀에 몸을 숨기고 사는 강건한 선인장이며, 열매는 식용이 가능하다. 특이한 형태의 종들이 많이 개발되었다.

능파(금)
Echinocactus texensis (variegated)

곡자능파(曲刺綾波)
Echinocactus texensis 'Kyoshi'

일본의 원예종이다. 'Kyoshi'는 '곡자'의 일본어 발음으로, 굽어있는 가시라는 의미이다.

단자능파(短刺綾波)
Echinocactus texensis 'Tanshi'

일본의 원예종이다. 'Tanshi'는 '단자'의 일본어 발음으로, 짧은 가시라는 의미이다.

능파(석화)
Echinocactus texensis (monstrose)

147

녹각주(鹿角柱)속
Echinocereus
에키노케레우스속

1848년 식물학자 조지 엥겔만(George Engelmann)에 의해 처음으로 이 속의 식물학적 형태해설이 이루어졌다. 속의 이름은 고슴도치처럼 강한 가시를 갖는 동물을 의미하는 'echino'와 큰 초를 의미하는 'cereus'를 합쳐서 지어졌다. 강한 가시를 갖고 직립하는 소형에서 중형 정도의 기둥형 선인장들을 주로 지칭한다. 멕시코와 미국 남부의 매우 양지바른 암석지대에서 자생하며, 몸체에 비해 상당히 큰 붉은색 또는 핑크색의 꽃을 피운다. 약 70종 이상이 있으며, 실생재배를 통한 번식을 선호한다.

일반적인 형태
줄기는 단간이거나 군생하며, 긴 가지 모양인 것도, 원통 모양인 것도 존재한다. 가시의 크기는 짧은 것부터 날카롭고 긴 것까지 여러 가지가 있다. 꽃은 몸체에 비해 두드러질 정도로 크며, 정수리 근처에서 개화한다. 꽃의 색은 보라색, 주황색, 노란색, 분홍색 등으로 다양하다. 둥근 열매는 가시로 덮여있으며, 속에는 작고 검은 종자가 들어있다.

자홍옥(紫紅玉)
Echinocereus adustus
원산지 : 멕시코

(엥겔만의) 고슴도치 선인장
Echinocereus engelmannii
원산지 : 미국 서남부 및 멕시코

원산지에서 가장 흔히 발견되는 선인장이다. 해발 2,400m 이상의 고지대에서 자생하며, 약 60개에 이르기까지 모여서 커다란 군집체를 형성한다. 원통 모양의 몸체는 두꺼운 가시로 무성하게 덮여있으며, 가시의 색은 매우 다채롭다. 매우 다양한 변이종이 존재한다.

에키노케레우스 쿠엔즐레리
Echinocereus fendleri var. *kuenzleri*

위미옥(衛美玉)의 일종

에키노케레우스 델라에티
Echinocereus delaetii

에키노케레우스 아파첸시스
Echinocereus apachesis

대양하(大洋蝦)
Echinocereus polyacanthus var. *pacificus*

149

대록각(大鹿角)
Echinocereus ferreirianus var. *lindsayi*

환하(幻蝦, *Echinocereus ferreirianus*)와 일종

에키노케레우스 마피미엔시스(철화)
Echinocereus mapimiensis (cristata)

삼광환(三光丸)
Echinocereus pectinatus

삼광환(철화)
Echinocereus pectinatus (cristata)

초목각(草木閣) 또는 에키노케레우스 스키리
Echinocereus scheeri

초목각(草木閣) 또는 에키노케레우스 스키리(금)
Echinocereus scheeri (variegated)

봉래하(蓬萊蝦)

Echinocereus viridiflorus subsp. *davisii*

미국 텍사스 주의 서부에서만 자생하며, 이 속에 해당하는 선인장 중에서 가장 작다. 다 자라도 몸체는 겨우 2cm이며, 줄기의 지름도 3cm를 넘기지 않는다. 인공적으로 재배하면 약간은 더 커진다. 곤충을 유인하기 위해 낮에 꽃을 피우며 은은한 향이 있다.

미자하(微刺蝦)

Echinocereus subinermis

'미자하' 는 가시가 별로 없다는 의미이다.

선자하(尠刺蝦) [철화]

Echinocereus triglochidiatus (cristata)

'선' 은 적다, 드물다는 의미이다.

적태양(赤太陽)

Echinocereus rigidissimus subsp. *rubispinus*

원산지 : 멕시코

태양(太陽, *Echinocereus rigidissimus*)과 비슷하지만 선명한 붉은 가시가 있다. 재배가 용이하지만 성장은 더디다. '아리조나무지개선인장' 으로도 불린다. 국내에서는 적태양을 자태양(紫太陽, *Echinocereus rigidissimus* `Purpureus`)과 혼용하는 경우가 많다.

태양(太陽)

Echinocereus rigidissimus

원산지 : 멕시코

단간이며 흰색과 붉은색이 도는 복숭아색의 가시가 줄기에 붙어있으며, 중간 가시는 없다. 커다란 분홍색의 아름다운 꽃을 피우지만 온도에 따라 개화여부가 정해지기 때문에, 저지대에서 재배할 경우 꽃을 피우지 않는 경우가 많다.

적태양(철화)

Echinocereus rigidissimus subsp. *rubispinus* (cristata)

여광환(麗光丸)
Echinocereus reichenbachii
원산지 : 미국 서남부에서 멕시코 북부까지

육하(旭蝦) 베이레이
Echinocereus reichenbachii var. *baileyi*

여광환의 일종

앵하(櫻蝦) 아르마투스
Echinocereus reichenbachii subsp. *armatus*

여광환의 일종

앵하 아르마투스(철화)
Echinocereus reichenbachii subsp. *armatus*
(cristata)

금조하(錦照蝦) [석화]
Echinocereus reichenbachii var. *fitchii*
(monstrose)

미자환(美刺丸)속
Echinomastus
에키노마스투스속
———

속의 이름은 고슴도치처럼 가시투성이 임을 의미하는 그리스어 'echinos'와 가슴을 의미하는 그리스어 'mastus'를 합성하여 지어졌다. 이 속에 해당하는 선인장의 결절 부위에 많은 가시가 달려 있는 모습에서 그렇게 지어진 것이다. 대략 9종 미만인 작은 속이며, 학자에 따라 스클레로칵투스(*Sclerocactus*)속으로 편입시키는 사람도 있을 정도로 종종 혼란이 있는 속이다. 북미 대륙의 건조한 지역 또는 초원에 자생하며, 특히 해발 200~2,400m의 동향 또는 남향의 고지대에서 자주 보인다.

일반적인 형태
줄기는 원통형의 단간이다. 30~40cm를 넘지 않는 중·소형 선인장이다. 윤기나는 표피에 날카로운 긴 가시가 나있으며, 바늘이 얽혀있는 것 같은 외관이다. 가운데 가시가 없기도 하며, 가시의 색은 매우 다양하다. 여러 색의 꽃을 정점에서 피운다.

능옥(綾玉)
Echinomastus intertexus
원산지 : 미국 및 멕시코

에키노마스투스 다시아칸투스
Echinomastus dasyacanthus
원산지 : 미국 및 멕시코

에키노마스투스 라우이
Echinomastus laui
원산지 : 멕시코

에키노마스투스 존스토니
Echinomastus johnstonii
원산지 : 미국

종의 이름은 미국의 식물학자인 조셉 E. 존슨(Joseph E. Johnson)의 이름을 따서 명명되었다. 미국 서부의 네바다 주, 캘리포니아 주, 애리조나 주의 넓은 지역에 분포한다. 줄기는 단간이며, 보라색, 노란색, 빨간색, 분홍색 등 다양한 색의 가시가 있다. 가시의 색은 물에 닿으면 짙은 색으로 변한다. 꽃의 색은 노란색 또는 분홍색이다. 햇빛을 선호하며, 고온에 강하다. 야생의 개체수는 많지만, 발아율이 낮고 성장도 느리기 때문에 별로 재배되지 않는다. 수명이 긴 선인장 중 하나로, 크기가 커지려면 긴 시간이 필요하다.

단모환(短毛丸)속
Echinopsis
에키놉시스속

속의 이름은 그리스어로 가시가 많다는 의미의 'echinos', 비슷하다는 의미의 'opsis'를 합성하여 지어졌다. 남미 대륙의 볼리비아, 페루, 아르헨티나, 브라질 등지의 바위틈이나 배수가 잘 되는 모래가 많은 토양에서 자생한다. 카마에케레우스(*Chamaecereus*), 에키노케레우스(*Echinocereus*), 로비비아(*Lobivia*), 마투카나(*Matucana*), 트리코케레우스(*Trichocereus*) 등 많은 속들이 단모환속으로 통폐합되어 매우 큰 속으로 재편되었다. 영어로는 '고슴도치선인장' 또는 '성게선인장' 등으로 불린다.

일반적인 형태
나무처럼 대형으로 자라는 종부터 작고 동그란 선인장까지 이 속에 속해있는 약 120여 종의 선인장들은 매우 다양한 형태를 보인다. 긴 나팔 모양의 꽃자루를 갖는 꽃은 다양한 색상을 띠지만, 개화는 하루에 불과하다.

천수각(天守閣) [철화 · 석화]
Echinopsis bridgesii (cristata & monstrose)

금성환(金盛丸)
Echinopsis calochlora
원산지 : 볼리비아, 브라질

재배가 쉽고 튼튼하며 꽃을 피우기 쉽기 때문에 지속적으로 사랑받는 인기 품종이다. 모주의 아랫부분에서 끊임없이 자구를 생산한다. 금색의 가시가 아름다우며 길고 곧게 자라는 단단한 꽃자루 끝부분에 약 10cm 크기의 커다란 하얀 꽃을 피운다. 밤에 피는 꽃은 강한 향기를 갖지만, 꽃이 피는 것은 성장하여 군생체를 이룬 후의 일이다.

금성환(금)
Echinopsis calochlora (variegated)

단모환(短毛丸)
Echinopsis eyriesii
원산지 : 아르헨티나

단모환(금)
Echinopsis eyriesii (variegated)

단모환(철화)
Echinopsis eyriesii (cristata)

광녹주(光綠柱) 또는 에키놉시스 칸디칸스
Echinopsis candicans
원산지 : 아르헨티나

광풍환(狂風丸) 또는 에키놉시스 페록스
Echinopsis ferox
원산지 : 아르헨티나, 브라질 및 우루과이

귀갑환(龜甲丸) 교배종(금)
Echinopsis cinnabarina hybrid (variegated)

은려환(銀麗丸)
Echinopsis silvestrii
원산지 : 아르헨티나

황관환(黃冠丸)
Echinopsis thionantha

황관환의 아종인 글라우카
Echinopsis thionantha subsp. *glauca*

백단(白檀)

Echinopsis chamaecereus

원산지 : 아르헨티나

'땅콩선인장' 으로도 불린다.

백단(금)

Echinopsis chamaecereus (variegated)

백단(금)

Echinopsis chamaecereus (variegated)

백단(철화)

Echinopsis chamaecereus (cristata)

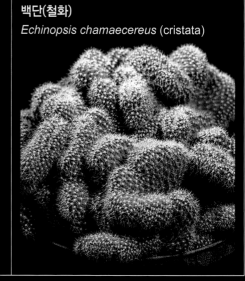

다문주(多聞柱) 또는 에키놉시스 파차노이
Echinopsis pachanoi

원산지 : 아르헨티나, 볼리비아, 페루, 칠레,
에콰도르

안데스 산맥의 해발 2,000~3,000m 사이의 고랭
지에서 자생한다. 원주민들이 치료의 용도로 전통적
으로 사용했다. '산페드로선인장(San Pedro Cac-
tus)'으로도 불린다.

에키놉시스 파차노이(금)
Echinopsis pachanoi (variegated)

에키놉시스 파차노이(철화 · 금)
Echinopsis pachanoi (cristata & variegated)

에키놉시스 파차노이(철화)
Echinopsis pachanoi (cristata)

대호환(大豪丸)
Echinopsis subdenuddata
원산지 : 볼리비아 파라과이

대호환(금)
Echinopsis subdenuddata (variegated)

대호환(금)
Echinopsis subdenuddata (variegated)

대호환(철화)
Echinopsis subdenuddata (cristata)

대호환(철화 · 금)
Echinopsis subdenuddata
(cristata & variegated)

162

에키놉시스 교배종 백조(白條)
Echinopsis hybrid `Hakujo`

기묘한 모습을 하고 있는 이 종은 최근 태국의 선인장 업계에서 많이 유통되었다. `백조`는 하얀 능을 일컫는데, 잘라낸 것 같은 흰색의 능 뒤쪽에 다른 종과 구분되는 특징이 존재하며, 능의 일부가 보통의 일반적 형상으로 돌아갔을 때만 꽃을 피운다. 일본에서 개발된 다른 속과의 교배종일 것으로 생각되며, 녹병균에 취약하다. 금이 든 것이나 석화가 일어난 것 등 다양한 형태가 존재한다.

에키놉시스 교배종 백조(금)
Echinopsis hybrid `Hakujo` (variegated)

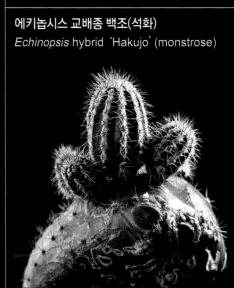

에키놉시스 교배종 백조(석화)
Echinopsis hybrid `Hakujo` (monstrose)

에키놉시스 원예종 `초콜릿`
Echinopsis `Chocolate`

금릉(金稜, *Echinopsis schickendantzii*)에 석화와 철화가 동시에 일어난 것이다.

에키놉시스 `초콜릿` (금)
Echinopsis `Chocolate` (variegated)

에키놉시스 스코풀리콜라
Echinopsis scopulicola

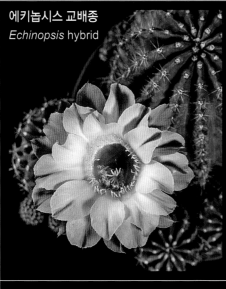
에키놉시스 교배종
Echinopsis hybrid

대호환(大豪丸)과 금성환(金盛丸) 사이의 교배종에 발생한 철화

에키놉시스 교배종 '몬트 1'
Echinopsis hybrid 'Mont 1'

에키놉시스 교배종 '몬트2'
Echinopsis hybrid 'Mont 2'

월하미인(月下美人)속
Epiphyllum
에피필룸속

───

속의 이름은 그리스어로 위(上)를 뜻하는 'epi', 잎을 뜻하는 'phyllon'을 합성하여 만들어진 것으로, 이 속 선인장의 꽃이 잎처럼 줄기에 붙어서 피는 형태에서 유래한다. 수목이나 바위 위에서 자라는 착생식물이기 때문에 선인장이 아닌 것으로 생각하는 사람들도 많다. 대략 15종 이상이 존재하며 미국 남부지역에서 남미대륙의 여러 나라에 걸쳐 폭넓게 자생하고 있다. 착생하는 선인장이라는 점에서 '난선인장'이라고 불리기도 하고, 줄기가 가재의 발처럼 생겼다고 하여 '가재발선인장'이라고 불리기도 한다. 크고 아름다운 꽃을 피워 인기 있는 품종이기도 하지만 실생으로는 5년 이상이 지나야 꽃을 피우기 때문에 꺾꽂이를 통한 번식이 많이 이루어진다. 내한성은 약한 편이며 물을 좋아하는 식물이지만 과도한 물 주기는 절대 금물이다. 열매는 식용이 가능하며 마치 키위와도 같은 식감을 갖고 있다.

일반적인 형태
줄기는 잎처럼 보이는 편평한 형태이며, 여러 가지 형상이 존재한다. 성장하면서 아랫부분이 각이 지고 단단해진다. 꽃은 커다란 깔때기 모양이며, 줄기의 마디에 위치한 가시자리에서 피어난다. 밤에 피었다가 다음날 낮이 되기 전에 꽃을 닫는다. 인공적으로 키운 식물들은 열매를 잘 맺지 않는다. 꽃의 색은 흰색이고, 꽃받침조각의 색은 황갈색 또는 연분홍이 도는 갈색이다. 계란형 열매 속에 작고 검은 종자가 많이 들어있다.

월하미인속의 교배종
Epiphyllum hybrid

에피필룸 후케리
Epiphyllum hookeri
원산지 : 남미의 여러 나라

에피필룸 과테말렌세(석화)
Epiphyllum hookeri subsp. *guatemalense*
(monstrose)

'미니드래곤후르츠'로도 불리는 이 선인장은 태국에서는 오래 전부터 재배되고 있다. 어려서는 연두색이지만 성장하면서 잎은 두꺼워지고 녹색이 흰색을 띠기 시작한다. 하얗고 향기나는 꽃을 밤에 피운다. 작은 열매는 익으면 옅은 분홍색이 된다. 실생과 꺾꽂이를 통한 번식이 다 가능하다. 접목하여 키운 개체는 석화 현상을 계승하지만 그 형질이 대를 이어 유지되지는 않는다.

에피필룸 과테말렌세
Epiphyllum hookeri subsp. *guatemalense*
후케리의 아종

월하미인(月下美人)
Epiphyllum oxypetalum
원산지 : 멕시코 남부에서 온두라스까지

167

월세계(月世界)속

Epithelantha
에피텔란타속

———

1898년 윌리엄 에모리(William H. Emory)에 의해 최초로 발견되었다. 유사한 형태를 띤 마밀라리아(*Mammillaria*)속으로 분류되었으나 후에 이 속 선인장들이 정수리 부분의 가시자리에서 꽃이 핀다는 차이점이 발견되어 별도의 속으로 분리되었다. 속의 이름도 꽃이 피는 위치를 나타내는 그리스어에서 유래한다. 별도의 속으로 나뉘긴 했지만 이 두 속은 매우 유사한 진화를 이룬 친척과도 같다고 할 수 있다. 성장은 매우 느려서 자구를 떼어내어 접목하는 번식 방법이 선호되고 있지만, 대목에 잇는 접가지는 실생으로 얻은 것이어야만 한다.

일반적인 형태

소형의 선인장이며, 단간으로 자라는 종도, 군생체를 이루는 종도 있다. 줄기와 가시의 색은 대개 흰색이지만 간혹 담황색인 종도 있다. 가시는 부드럽고, 뾰족하지 않기 때문에 맨손으로 만질 수 있다. 흰색 또는 연분홍색의 꽃이 피고, 열매는 긴 타원형의 칼집 모양으로 붉은색이거나 연한 분홍색이다. 속에는 작고 검은 종자가 들어있다.

소인모자(小人帽子) 또는 에피텔란타 보케이
Epithelantha micromeris subsp. *bokei*
원산지 : 멕시코 및 미국

월세계의 아종인 이 식물의 이름은 미국의 식물학자인 노먼 보크(Norman H. Boke)를 기념하여 지어졌다. 대단한 인기종이며 학자에 따라 아종이 아닌 별도의 종으로 취급하는 경우도 많다. 줄기의 표면이 보이지 않을 정도로 결이 고운 흰 가시가 빽빽하게 밀집해있다. 노란색이 도는 흰색 또는 연한 분홍색의 꽃을 피운다. 동양에서는 난쟁이(소인)의 모자라는 재미있는 이름이 붙여졌다.

소인모자(小人帽子) [석화]
Epithelantha micromeris subsp. *bokei*
(monstrose)

소인모자(철화)
Epithelantha micromeris subsp. *bokei*
(cristata)

천세계(天世界) 또는 에피텔란타 그렉기
Epithelantha micromeris subsp. *greggi*

신월환(新月丸)
Epithelantha micromeris subsp. *polycephala*
원산지 : 멕시코

100두 이상의 군생체를 이룬다.

오월환(烏月丸)
Epithelantha micromeris subsp. *unguispina*
원산지 : 멕시코

오월환(금)
Epithelantha micromeris subsp. *unguispina* (variegated)

극광환(極光丸)속
Eriosyce
에리오시케속

칠레의 해발 3,000m 이상의 고지대에 자생하는 선인장이다. 속의 이름은 그리스어로 부드러운 털을 뜻하는 `erion`과 열매를 뜻하는 `syke`를 합성하여 지었고, 열매가 털에 싸여있는 속의 특성을 나타낸다. 1872년 신설 당시에는 그다지 많은 종이 포함되어 있지 않았지만, 이슬라야(*Islaya*)속, 네오포르테리아(*Neoproteria*)속 등이 모두 통합되어 현재는 약 70종 이상이 속하는 큰 속으로 바뀌었다.

일반적인 형태
매우 많은 종들이 통합되어 다양한 변화가 존재하는 속이 되었다. 매우 작은 종부터 지름이 50cm에 이르는 종까지 크기도 다양하며 가시가 적은 종도 있지만 줄기의 표피가 보이지 않을 정도로 가시가 두껍게 얽혀 있는 종도 있다. 크기가 작은 종들은 대개 굵고 긴 중심 뿌리(Tap Root)를 발달시키며 뿌리가 썩기 쉬운 경향을 보인다. 재배에서는 물 빠짐이 매우 좋은 토양이 필요하며 내한성은 그리 크지 않다.

극광환(極光丸)
Eriosyce aurata
원산지 : 칠레

역표옥(逆豹玉)
Eriosyce bulbocalyx
원산지 : 아르헨티나

종의 이름은 작은 그릇 모양의 꽃이라는 의미이다.

표두(豹頭)
Eriosyce napina
원산지 : 칠레

자호환(刺琥丸)
Eriosyce kunzei
원산지 : 칠레

영몽옥(靈夢玉)
Eriosyce napina subsp. *lembckei*
원산지 : 칠레

에리오시케 오디에리 크라우시
Eriosyce odier subsp. *krausii*
원산지 : 칠레

흑구환(黑駒丸, *Eriosyce odier*)의 아종

에리오시케 파우시코스타타
Eriosyce paucicostata
원산지 : 칠레

종의 이름은 능의 수가 적음을 의미한다.

에리오시케 파우시코스타타 플로코사
Eriosyce paucicostata subsp. *floccosa*
원산지 : 칠레

파우시코스타타의 아종

역용옥(逆龍玉)
Eriosyce subgibbosa
원산지 : 칠레

이수나옥(伊須羅玉)
Eriosyce islayensis
원산지 : 페루, 칠레

혜성전(彗星殿)
Eriosyce rodentiophila
원산지 : 페루, 칠레

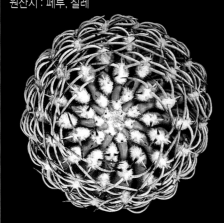

호마옥(豪魔玉)
Eriosyce umadeave

야생에서는 낮 동안 강한 광선이 내리쬐고, 야간에는 기온이 영하 26℃까지 내려가는 매우 건조한 지역에 위치한 벼랑의 갈라진 틈에 자생한다. 재배지로 옮기면 자라는 속도가 완만해진다.

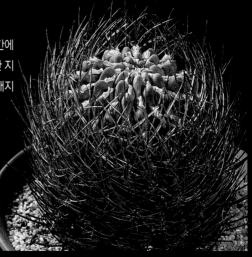

송구환(松球丸)속
Escobaria
에스코비리아속

———

예전에는 코리판타(*Coryphanta*)속으로 분류되어 있었지만, 후에 이 속으로 분리되었다. 두 속의 분별은 쉽지 않지만 씨앗의 형태상의 차이로 흔히 구분한다. 마밀라리아(*Mammillaria*)속과도 유사점이 많지만 꽃이 피는 위치 등의 차이가 차별점이 된다. 속의 이름은 멕시코의 자연연구가 로물로(Romulo)와 누마르 (Numar) 에스코바르(Escobar) 형제에게 경의를 표하는 뜻에서 지어졌다. 멕시코와 미국의 남부지역에 대부분의 종이 자생하지만 훨씬 북쪽인 캐나다나 쿠바에 자생하는 종도 있다. 최근 원예가들 사이에서는 캐나다에서 자생하는 내한성 강한 품종이 인기를 얻고 있다.

일반적인 형태
줄기는 단구 또는 소형의 군생체를 이룬다. 구형인 것도, 타원형인 것도 있으며, 빽빽한 짧은 가시들에 덮여있다. 정점 부근에서 분홍색 또는 자주가 섞인 분홍색의 꽃을 피우지만, 꽃들은 대개 활짝 피지는 않고 반개한다. 평평한 구형 또는 계란형의 열매는 익으면서 분홍색 또는 적색으로 변한다. 속에는 짙은 갈색의 작은 종자가 들어있다.

에스코바리아 아브디타
Escobaria abdita
원산지 : 멕시코

최근에 발견된 새로운 종이다. 녹색 표면에 깨끗하고도 새하얀 가시가 나있다. 야생에서는 작은 돌들 사이에서 섞여서 살고 있지만 비가 오면 몸체를 팽창시키기 때문에 쉽게 찾을 수 없다. 뿌리의 일부를 괴근으로 만들어서 양분을 저장하는 종이다. 재배는 쉬운 편이다.

에스코바리아 라레도이
Escobaria laredoi
원산지 : 멕시코

설화환(雪花丸)
Escobaria robbinsorum
원산지 : 미국 애리조나 주

자왕자(紫王子) 또는 에스코바리아 미니마
Escobaria minima
원산지 : 미국 텍사스 주

수미환(須彌丸)
Escobaria sneedii

고안환(孤雁丸)
Escobaria sneedii subsp. *leei*
원산지 : 미국, 멕시코

수미환(*Escobaria sneedii*)의 이름은 1921년 이 종에 해당
하는 선인장 표본을 처음으로 채집했던 스니드(J.R.Sneed)를
기념하기 위해 지어졌다. 당시에는 미국 텍사스 주의 프랭클
린 산맥(Franklin Mountains)에서만 자생하는 것으로 생각
했지만, 1925년에 윌리스 리(Willis T. Lee)가 다른 지역에도
존재한다는 것을 발견했다. 뒤에 발견된 선인장들은 최초 발견
된 개체들에 비해 가시의 형태가 다르다는 점에서 발견자의 이
름을 따서 '에스코바리아 스니디 레이' 라는 명칭의 아종으로
분리되었다. 가시는 결이 좀 더 곱고, 수미환과는 다르게 밖을
향해 돌출되어 있지 않으며, 크기도 그보다 작다. 재배와 번식
이 모두 쉬워서 인기 원예품종이기도 하다.

노락(老樂)속

Espostoa
에스포스토아속

———

속의 이름은 페루의 식물학자인 니콜라스 E. 에스포스토(Nicolas E. Esposto)를 기념하기 위해 지어졌다. 페루, 볼리비아, 에콰도르 등지에 자생한다. 하얗고 긴 털에 휘감겨 있는 특이한 모습과 재배가 까다롭지 않다는 점에서 인기 있는 선인장이다. 강한 햇빛을 선호하며, 보통은 실생재배를 통해 번식시킨다.

일반적인 형태
대형 기둥형태의 선인장이다. 자생지에서는 충분히 자라면 9m 정도의 높이까지도 성장하며 하단부에서 자구를 여럿 생산해서 마치 대도시의 마천루를 연상시키는 멋진 군생체를 이룬다. 몸체를 휘감고 있는 하얀 수염과도 같은 털 아래로는 수많은 짧고 강한 가시들이 표면을 뒤덮고 있다. 때로는 종에 따라 중앙 가시가 크게 자라 수염을 뚫고 돌출하는 경우도 있다. 화분에 재배하는 경우 대개 성장은 어느 지점에서 정체되며 이 경우 꽃은 거의 피우지 못한다.

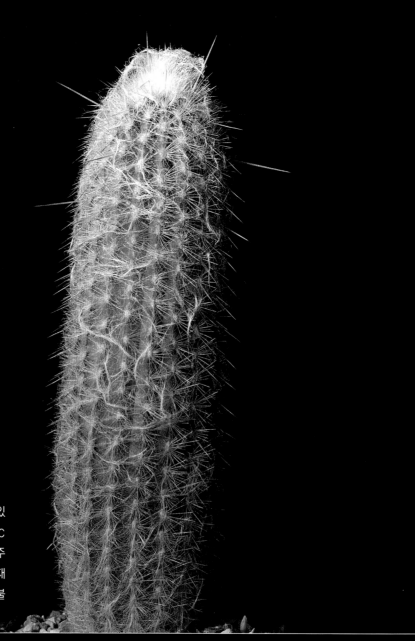

노락(老樂)
Espostoa lanata
원산지 : 페루, 에콰도르

줄기는 원통형이며 수염과도 같은 흰 털로 덮여있다. 재배가 용이하고 내한성도 강해서 영하 12℃의 저온에도 생존할 수 있다고 한다. 자생지의 원주민들은 꽃자리 부근의 솜털을 뽑아서 베개 충진재로 사용하기도 한다. '페루노인선인장' 으로도 불린다.

월천락(越天樂)
Espostoa mirabillis
원산지 : 페루

노수락(老壽樂)
Espostoa ritteri
원산지 : 페루

백궁전(白宮殿)
Espostoa nana
원산지 : 페루

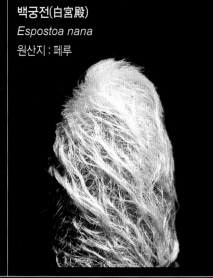

백궁전(철화)
Espostoa nana (cristata)

백여옹(白麗翁)속

Espostoopsis
에스포스톱시스속

노락속의 학명인 'Espostoa'와 닮았다는 의미의 그리스어 'opsis'를 합성해서 이 속의 이름을 지었다. 단 1개의 종으로 이루어진 매우 작은 분류이다. 겉으로 드러난 모습으로는 노락속의 선인장들과 구분이 잘 되지 않는다. 그러나 브라질에 자생한다는 점과 꽃의 관이 없다는 점에서 구분되며 근래 실시된 DNA 검사에서도 유전적인 차이점들이 명확하게 설명된 바 있다. 재배는 쉽고 꺾꽂이 또는 실생재배로 번식시킨다.

일반적인 형태

중형 선인장이며, 하단부에서 분지하여 2~4m 높이의 군생체를 이룬다. 줄기의 지름은 8cm 정도로 가는 편이며, 20~28개의 능이 있다. 어느 능이든 가느다란 하얀 털이 빽빽이 덮여있어 마치 솜에 싸여있는 것 같다. 정수리 부근의 털이 특히 두껍다. 가시는 가늘고, 쭉 뻗었으며 붉은 빛을 띤 노란색 또는 갈색이다.

백여옹(白麗翁)
Espostoopsis dybowskii
원산지 : 브라질

호화주(壺花柱)속
Eulychnia
에우리키니아속

———

속의 이름은 그리스어로 좋음을 뜻하는 'eu'와 촛대 혹은 횃불을 의미하는 'lychnos'를 합성하여 만들어졌다. 분지하면 마치 커다란 촛대와도 같은 모습으로 성장하는 이 선인장의 모습을 나타내는 것이다. 칠레에 위치한 건조한 아타카마 사막의 북부에서 자생하며, 총 8종 정도가 있다. 일반적으로 인기가 있는 종은 아니지만 특이한 형상을 띤 작은 선인장들은 일부 애호가들에 의해 재배되고 있다. 수명은 길며 재배는 쉬운 편이지만, 성장은 느리다.

일반적인 형태

높이 7m 정도의 크기까지 자라는 대형 선인장이다. 커다란 관목형태 또는 가지가 많은 나무의 형태로 성장하며 능의 수는 9~16개이다. 몸체는 길고 억센 가시로 덮여있고 정수리 근처에서 흰색 또는 분홍색인 그릇 모양의 꽃을 피운다. 속의 한자어 이름인 '호화주(壺花柱)'는 바로 그 항아리 모양의 꽃을 의미하는 것이다. 꽃은 밤낮으로 닫히지 않고 피어 있으며, 열매는 둥근 형태로 털이나 가시로 덮여있다. 종자는 검은색이다.

나선 녹죽(錄竹)
Eulychnia castanea `Spiralis`

백은성(白銀城) [철화]
Eulychnia breviflora (cristata)

나선 녹죽(철화)
Eulychnia castanea `Spiralis` (cristata)

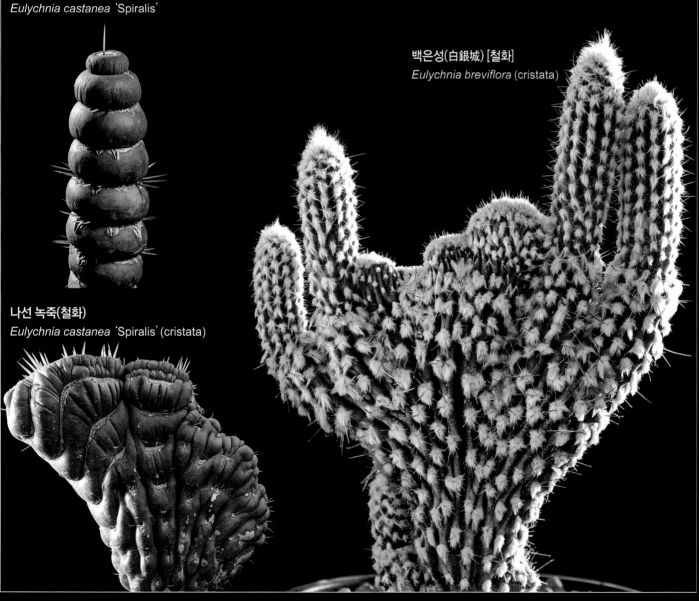

강자환(强刺丸)속
Ferocactus
페로칵투스속

———

속의 이름은 라틴어로 무섭다, 사납다는 뜻을 가진 'ferox' 와 가시라는 의미의 'kaktos' 를 합성한 것으로 이 속 선인장들의 억센 가시를 나타내는 것이다. 미국의 남서부와 멕시코 일원에서 자생하며, 다수의 종들이 둥근 형태로 자란다는 점에서 흔히 '통선인장' 이라고 불린다. 예전의 다소 낭만적인 민간설화에 따르면, 사막의 여행자들이 이 속 선인장의 내부에 저장된 물을 마시고 기력을 회복했다고 해서 '여행자의 친구' 라는 별명으로 불린다. 하지만 실제로는 내부의 수분은 지나치게 강한 알칼리성이라 마시면 많은 문제를 일으킬 수 있다. 현지에서는 원주민들이 가시를 이용해서 낚싯바늘을 만들거나 살을 작게 잘라 설탕과 볶아서 과자를 만들기도 하는 등 여러 가지로 일상생활에 쓰임새가 있는 선인장이다. 재배가 상대적으로 쉽고 늠름하고 억센 가시와 멋진 형태의 몸체로 사랑받는 품종이며 국내에서도 일출환(日出丸, *Ferocactus latispinus*), 강수(江守, *Ferocactus emoryi*), 열자옥(烈刺玉, *Ferocactus emoryi* ssp. *rectisinus*) 등 많은 종이 보급되어 있다.

일반적인 형태
어려서는 둥근 형태로 시작하나 성장하면서 점차 기둥형으로 변해간다. 대략 50~130년 정도의 수명을 갖는 장수하는 종류이며, 지름 90cm에 3m 정도의 크기까지도 성장하는 중형 선인장이다. 두꺼운 가시는 쭉 뻗은 것과 갈고리처럼 휘어진 것들이 모두 존재한다. 오래 자라지 않아 꽃을 피우며, 꽃은 정점 부근에서 비교적 큰 컵 모양으로 무리를 지어 피어난다. 열매는 구형 또는 타원형이며, 익으면 노란색 또는 분홍색으로 색이 변한다. 속에는 검은 종자가 가득 차있다.

금관용(金冠龍)
Ferocactus Chrysacanthus

캘리포니아 바하 연안에서 조금 떨어진 태평양의 세드로스섬에 자생하는 종이다. 성장은 느린 편이다. 몸체는 단간이며 20개 전후의 능을 가지며 아름다운 녹색이다. 가시는 옅은 노란색부터 빛나는 황금색에 이르기까지 다양하지만 간혹 붉은 빛 감도는 오렌지색의 가시도 있다. 중앙의 가시는 크고 다소 아래를 향해 갈고리 형태로 구부러져있다. 선명한 녹색 몸체를 바탕으로 빛나는 황금색의 늠름한 가시로 재배가들로부터 인기를 얻고 있는 품종이다.

예수옥(刈穗玉)
Ferocactus gracilis
원산지 : 멕시코

예수옥(금)
Ferocactus gracilis (variegated)

적자 금관용
Ferocactus chrysacanthus 'Red Spine'

페로칵투스 이스트우디아에
Ferocactus cylindraceus subsp. *eastwoodiae*
원산지 : 미국

호두(琥頭, *Ferocactus cylindraceus*)의 아종

선풍옥(旋風玉)
Ferocactus cylindraceus subsp. *tortulispinus*
원산지 : 멕시코

호두의 아종

문주환(文珠丸) [철화]
Ferocactus echidne (cristata)

문주환(석화)
Ferocactus echidne (monstrose)

무자왕관용(無刺王冠龍)
Ferocactus glaucescens var. *inermis*
원산지 : 멕시코

멕시코의 해발 550~2,300m 지역에서만 드물
게 자생하는 종이다. 노란색의 큰 꽃을 정수리에
서 피운다. 열매는 흰색이다.

무자왕관용(석화)
Ferocactus glaucescens `Inermis` (monstrose)

왕관용의 변종
Ferocactus glaucescens `Single Spine`

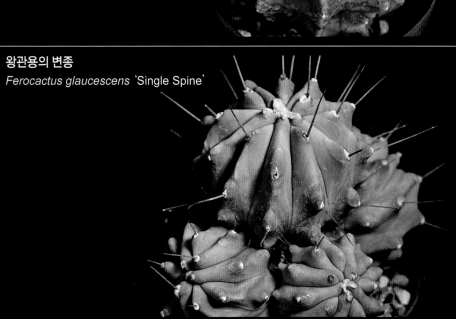

왕관용(금)
Ferocactus glaucescens (variegated)

염미옥(艶美玉)
Ferocactus hamatacanthus
원산지 : 미국 서남부에서 멕시코 동북부까지

금자염미옥
Ferocactus hamatacanthus `Aureispinus`

염미옥(금)
Ferocactus hamatacanthus (variegated)

춘앵(春櫻)
Ferocactus herrerae
원산지 : 멕시코

금적용(金赤龍)의 아종.

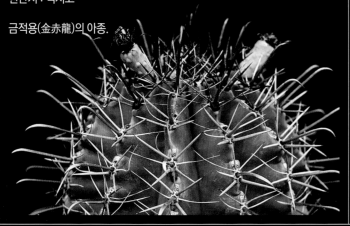

춘앵(금)
Ferocactus herrerae (variegated)

춘앵은 영어로 `Twisted Barrel Cactus`로 불린다. 성장하면서 나선형으로 뒤틀리게 자라는 경우가 많으며 긴 가시는 날카롭고 끝이 휘어있어서 낚싯바늘 등으로 쓰인다고 한다.

문조환(文鳥丸)
Ferocactus histrix

문조환
Ferocactus histrix

적성(赤城)
Ferocactus macrodiscus
원산지 : 멕시코 서북부

반도옥(半島玉)
Ferocactus peninsulae

단자반도옥(短刺半島玉)
Ferocactus peninsulae 'Brevispinus'

단자반도옥(석화)
Ferocactus peninsula 'Brevispinus'
(monstrose)

진주(眞珠)
Ferocactus recurvus
원산지 : 멕시코

황자진주
Ferocactus recurvus 'Flavispinus'

진주(금)
Ferocactus recurvus (variegated)

용안(龍眼)
Ferocactus viridescens
원산지 : 미국 서남부에서 멕시코 동북부까지

사동(土童)속

Frailea

프레일레아속

속의 이름은 미국 농무성을 위해 선인장을 관리해주던 스페인 출신의 프래일(Manuel Fraile) 씨에게 경의를 표하는 의미에서 지어졌다. 최초 금호속으로 분류되었으나, 1922년 브리톤(Britton)과 로즈(Rose)의 연구에 의해 별도로 이 속으로 분리되었다. 볼리비아, 파라과이, 브라질, 콜롬비아, 아르헨티나, 우루과이 등의 남미 고지대에서 자생하는 둥근 형태의 소형 선인장들이다. 특이한 형태와 멋진 꽃으로 사랑받는 이 선인장들은 폐화수정(Cleistogamous)이라는 독특한 수분 · 결실 구조를 갖고 있다. 즉, 매개자에게 의지하지 않고도 꽃봉오리 안에서 스스로 수분을 실시하여 번식하는 것이 가능한 그런 형태이다.

일반적인 형태

소형 선인장이다. 낮은 구형이며 자구를 만들지 않는 것과 원통형인 것이 있으며, 녹색 또는 보라색의 평활한 표피를 가진다. 가시는 짧고, 가시가 줄기에 붙는 타입인 종도 존재한다. 가시의 색은 노란색과 갈색, 흰색이다. 정수리의 털 또는 가시로 덮인 가시자리에서 노란색 꽃을 피운다. 개화일수는 하루에 불과하다. 과실은 크기가 작으며, 시들어버린 꽃과 털, 가시가 들러붙어 있는 경우가 많고, 익으면 갈색으로 건조된 칼집 모양이 된다. 속에는 갈색 또는 다갈색의 종자가 들어있다.

사동(土童)

Frailea castanea

원산지 : 브라질 남부에서 우루과이 북부 및 아르헨티나의 동북부까지

종의 이름은 밤(栗)의 열매라는 뜻이며, 적갈색을 띤 이 선인장 열매의 색에서 기인하는 것이다. 몸체는 작은 구형이며, 표면은 윤기가 나고 평활하다. 꽃의 색은 밝은 노란색이다. 철갑사동(鐵甲土童, *Frailea asteroides*)과 이 종을 동일한 종으로 취급하는 전문가도 있다.

사동(土童) [철화]
Frailea castanea (cristata)

사동 `니텐스`
Frailea castanea `Nitens`

천혜환(天惠丸)
Frailea cataphracta
원산지 : 파라과이 및 브라질

호자(狐仔)
Frailea mammifera

한자 `호(狐)`는 여우를 의미한다.

프레일리아 마그니피카
Frailea magnifica

지금은 호자로 이름이 변경되었다.

호자와 사동 사이의 교배종
Frailea mammifera x Frailea castanea

프레일리아 푸미라
Frailea pumila
원산지 : 파라과이 남부에서 브라질,
　　　　우루과이까지

표자(豹仔)
Frailea pygmaea
원산지 : 파라과이 남부에서 브라질,
　　　　우루과이까지

한자 `표(豹)`는 표범을 의미한다.

사동속 변종(금)
Frailea sp. (variegated)

초자(貂仔)

Frailea phaeodisca

원산지 : 브라질 남부에서 우루과이까지

한자 `초(貂)`는 족제비를 의미한다.

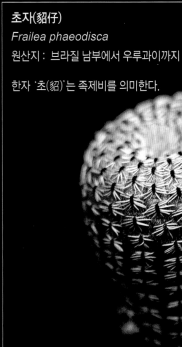

초자(철화)

Frailea phaeodisca (cristata)

사동속 변종(철화)

Frailea sp. (cristata)

사동속 변종(철화)

Frailea sp. (cristata)

경복전(慶福殿)속
Geohintonia
게오힌토니아속

———

속의 이름은 이 선인장을 처음으로 발견한 미국의 식물학자인 조지 세바스찬 힌톤(George Sebastian Hinton)에게 경의를 표하기 위해 지어졌다. 이 속은 1종으로 구성된다. 멕시코의 해발 1,200m 부근 석회질의 바위 표면과 벼랑에 자생하며, 분포지역은 25㎢ 정도의 좁은 범위로 한정되어 있다. 재배가 쉽고 실생재배를 통한 번식이 선호된다. 성장이 느리고 꽃이 피기까지는 10년 이상이 걸린다.

일반적인 형태
구형의 줄기는 단간이며, 자구를 만들지 않는다. 뚜렷하고 각이있는 능과 짧은 가시를 가지며, 줄기의 표피는 청자와 같은 푸른색이다. 정수리의 꽃자리에서 자주가 섞인 연분홍색의 꽃을 피운다.

게오힌토니아 멕시카나(철화)
Geohintonia Mexicana (cristata)

게오힌토니아 멕시카나
Geohintonia Mexicana

종의 이름은 야생의 자생지인 멕시코의 이름을 따서 명명되었다.

Glandulicactus
글란둘리칵투스속

속의 이름은 꽃의 밀선(蜜腺)을 나타낸다. 번식의 범위가 넓으며, 야생에서는 미국과 멕시코의 해발 800~2,300m 지역의 덤불에서 나는 것과 풀이 우거진 지표에 뒤섞이듯이 나는 것이 있다.

일반적인 형태
몸체는 단구이며, 왁스로 코팅된 듯 매끈한 녹색의 표피에 큰 가시가 나있다. 중앙 가시는 특히 길며 갈고리처럼 구부러져 있다. 강자환속의 선인장들처럼 정점 근처의 가시들 사이에서 짙은 붉은색에서 붉은 갈색의 꽃을 피운다. 계란형의 열매는 익으면서 붉게 변하고, 종자는 검은색이다.

글란둘리칵투스 맛소니
Glandulicactus mathssonii
원산지 : 멕시코

글란둘리칵투스 운시나투스
Glandulicactus uncinatus
원산지 : 멕시코

글란둘리칵투스 크라시하마투스(철화)
Glandulicactus crassihamatus
(cristata)

나악환(裸顎丸)속

Gymnocalycium

김노칼리키움속

속의 이름은 그리스어로 벗었다는 의미의 'gymnos'와 꽃받침을 뜻하는 'calyx'를 합성한 것이며, 가시나 털이 없이 드러난 꽃받침을 갖고 있는 이 속 선인장의 특징을 나타내는 것이다. 아르헨티나, 파라과이, 볼리비아 등지가 자생지이며, 약 80종 정도가 존재한다. 특이하게 생긴 능의 모습 때문에 '턱선인장(Chin Cactus)'이라는 애칭을 얻었고, 학명을 줄여서 '김노'라고 통칭하고 있다. 꽃이 필 때까지 그리 오래 걸리지 않고, 크기가 적당하고 재배가 쉬워서 오래 전부터 보급된 선인장이다. 품종의 개량도 계속 이루어져서 금이 들어가거나 가시의 형태를 변화시킨 다양한 교배종들이 탄생하고 있다. 붉은 색의 꽃을 피우는 비화옥, 서운환, 신천지 등이 특히 인기 품종이며, 간혹 속의 이름에 악어를 의미하는 '악(鰐)'자가 쓰이는 경우가 있는데 아마 턱을 의미하는 '악(顎)'을 잘못 쓴 것이 아닌가 한다.

일반적인 형태

대부분 15cm를 넘지 않는 중·소형의 선인장들이며, 몇몇 예외를 제외하면 단간으로 자란다. 크림색 또는 연분홍색의 꽃은 정수리 가시자리에서 피어나고 개화일수는 3~4일 정도이나 활짝 피기 위해서는 어느 정도 높은 온도가 유지되어야 한다(간혹 다른 색의 꽃이 피는 종도 있다). 재배는 비교적 쉽지만 햇빛이 부족하지 않도록 해야 한다. 뿌리가 잘 발달되어 쉽게 물을 흡수하므로 성장이 빠른 편이다.

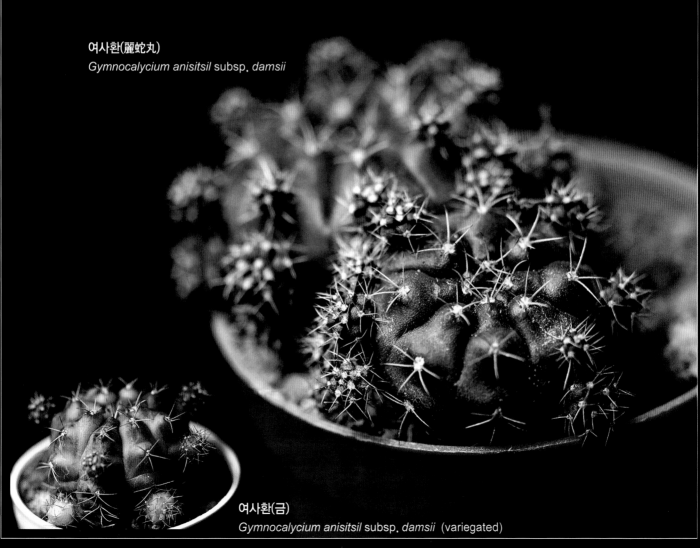

여사환(麗蛇丸)
Gymnocalycium anisitsil subsp. *damsii*

여사환(금)
Gymnocalycium anisitsil subsp. *damsii* (variegated)

황사환(黃蛇丸)
Gymnocalycium andreae
원산지 : 아르헨티나

비화옥(緋花玉) 교배종(금)
Gymnocalycium baldianum hybrid
(variegated)

비화옥 교배종(철화)
Gymnocalycium baldianum hybrid
(cristata)

비화옥(금)
Gymnocalycium baldianum (variegated)
원산지 : 아르헨티나 서북부

이 종은 해발 500~2,000m 지역의 풀과 양치류 숲
에 뒤섞이듯 자생한다. 꽃은 강렬하고 선명한 색을
띠며 주황색, 분홍색, 흰색, 선명한 붉은색 등으로
다채롭다. 꽃이 잘 피고 재배도 쉽다. 야생에서의 개
화시기는 연말이지만, 재배지에서는 한 해의 중반
에 피어난다.

괴룡환(怪龍丸)

Gymnocalycium stellatum subsp. *bodenbenderianum*

원산지 : 아르헨티나 북부

수전옥(*Gymnocalycium stellatum*)의 아종이다.

괴룡환(금)

Gymnocalycium stellatum subsp.
bodenbenderianum (variegated)

비화옥과 무훈환(武勳丸)의 교배종

Gymnocalycium baldianum x *Gymnocalycium ochoterenae*

예전에는 삼자옥(三刺玉, *Gymnocalycium riojense*)으로 불렸지만, 지금은 괴룡환으로 변경되었다.

김노칼리키움 카스텔라노시
Gymnocalycium castellanosii
원산지 : 아르헨티나

카스텔라노시(금)
Gymnocalycium castellanosii (variegated)

카스텔라노시(철화)
Gymnocalycium castellanosii (cristata)

사룡환(蛇龍丸)

Gymnocalycium denudatum

'거미선인장' 으로도 불린다.

사룡환 '카이오마루'

Gymnocalycium denudatum `Kaiomaru`

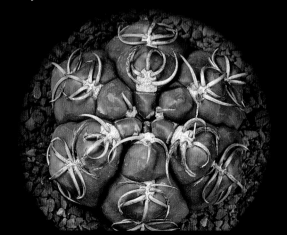

사룡환(금)

Gymnocalycium denudatum (variegated)

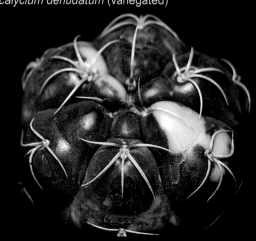

195

나성환(羅星丸)
Gymnocalycium bruchii

나성환(금)
Gymnocalycium bruchii (variegated)

양관(良寬)
Gymnocalycium chiquitanum
원산지 : 볼리비아

성왕환(聖王丸) [금]
Gymnocalycium horstii subsp. *buenekeri*
원산지 : 브라질

성왕환(금)
Gymnocalycium horstii subsp. *buenekeri*
(variegated)

용장환(勇將丸)
Gymnocalycium eurypleurum
원산지 : 파라과이

용장환(금)
Gymnocalycium eurypleurum (variegated)

괴룡환의 변종인 인테르텍스툼
Gymnocalycium stellatum subsp.
bodenbenderianum var. *intertextum*

묘수전(猫守殿) 또는 김노칼리키움 키슬링기
Gymnocalycium kieslingii
원산지 : 아르헨티나

묘수전 또는 김노칼리키움 키슬링기(석화)
Gymnocalycium kieslingii (monstrose)

묘수전 또는 김노칼리키움 키슬링기(석화)
Gymnocalycium kieslingii (monstrose)

마천룡(魔天龍)
Gymnocalycium mazanense

서운환(瑞雲丸)

Gymnocalycium mihanovichii

원산지 : 파라과이 북부

종의 이름은 니콜라스 미하노비치(Nicolas Mihanovich)에게 경의를 표하기 위해 지어졌다. 그는 1903년 식물학자 알베르토 프릭(Alberto V. Fric)이 파라과이에서 선인장을 조사하기 위한 재정적 지원을 한 사람이다. 서운환은 세계 공통의 인기품종이며, 그중에서도 몸체 내에 엽록소를 전혀 갖고 있지 않아서 주황색과 빨간색, 분홍색 등의 표피색을 가지는 금(錦)이 든 종류들이 특히 인기가 높으며, 주로 일본에서 개발된 것들이다. 이들은 스스로는 광합성을 하여 양분을 저장할 수 없기 때문에 다른 종류의 선인장에 접목을 해서 키우게 된다. 국내에서는 '비목단' 또는 '비모란'이라는 이름으로 유통되며, 이 선인장의 학명은 `Gymnocalycium mihanovichii` Hibotan'이다. `Hibotan`은 한자어의 일본식 발음이며, 원예종임이 표시되어 있다. 보는 이를 매료시키며, 현재까지 부동의 인기를 얻어온 품종이다.

서운환 `FR599`
Gymnocalycium mihanovichii `FR599`

서운환(철화)
Gymnocalycium mihanovichii (cristata)

서운환 '레드타이거'
Gymnocalycium mihanovichii `Red Tiger`

서운환(瑞雲丸) [철화 · 금]
Gymnocalycium mihanovichii
(cristata & variegated)

199

서운환(瑞雲丸)의 교배종(금)
Gymnocalycium mihanovichii hybrid (variegated)

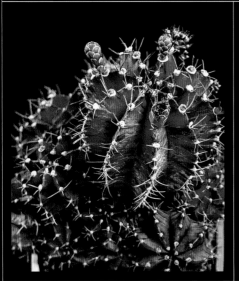

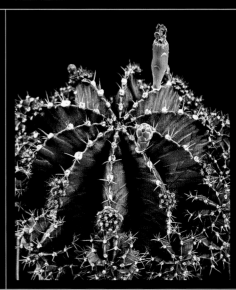

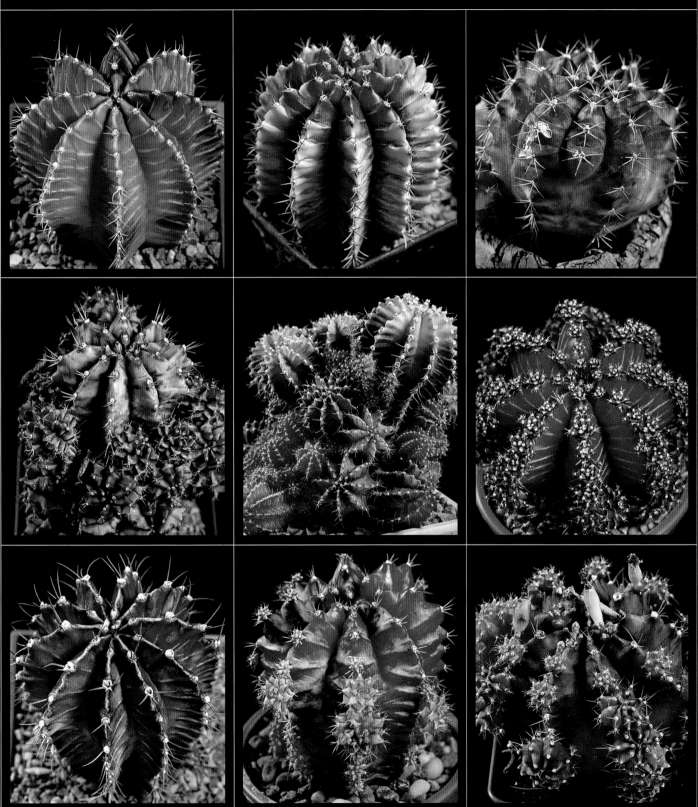

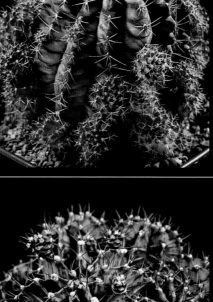

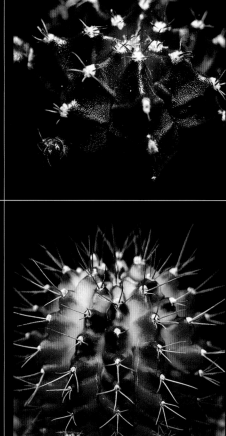
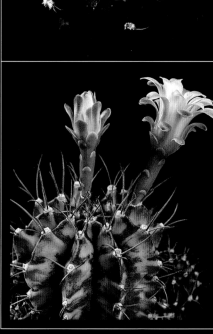

철화와 금이 동시에 발생한 서운환(瑞雲丸) 교배종
Gymnocalycium mihanovichii hybrid (cristata & variegated)

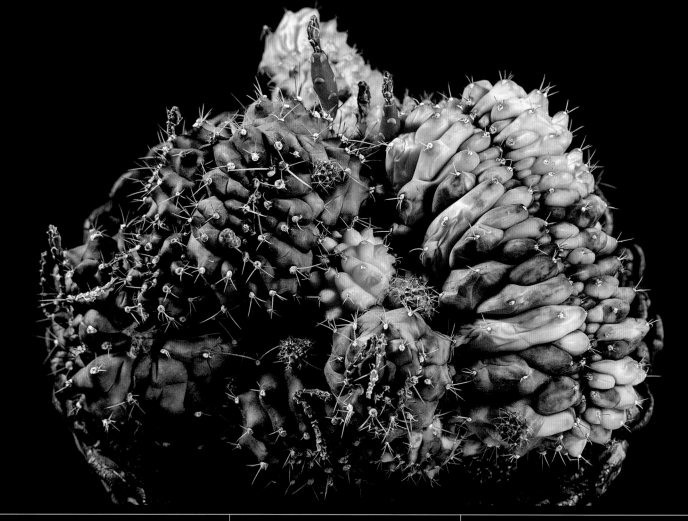

서운환 '데이드림'
Gymnocalycium mihanovichii 'Daydream'

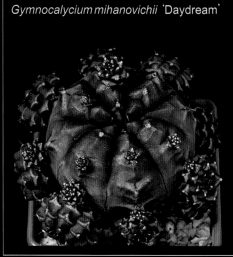

서운환 재배종
Gymnocalycium mihanovichii 'Single Spine'

서운환 재배종 중 하나
Gymnocalycium mihanovichii 'Single Spine'

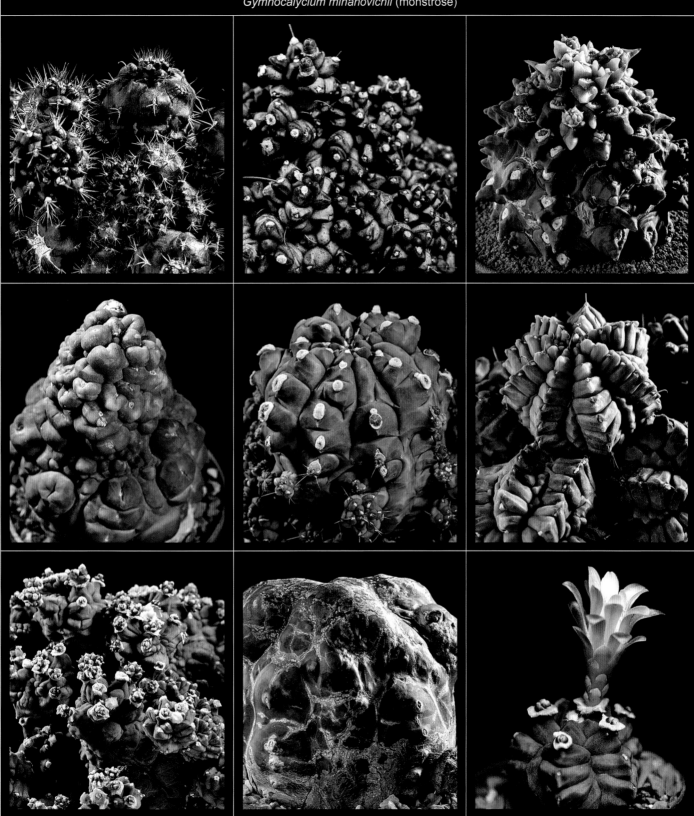

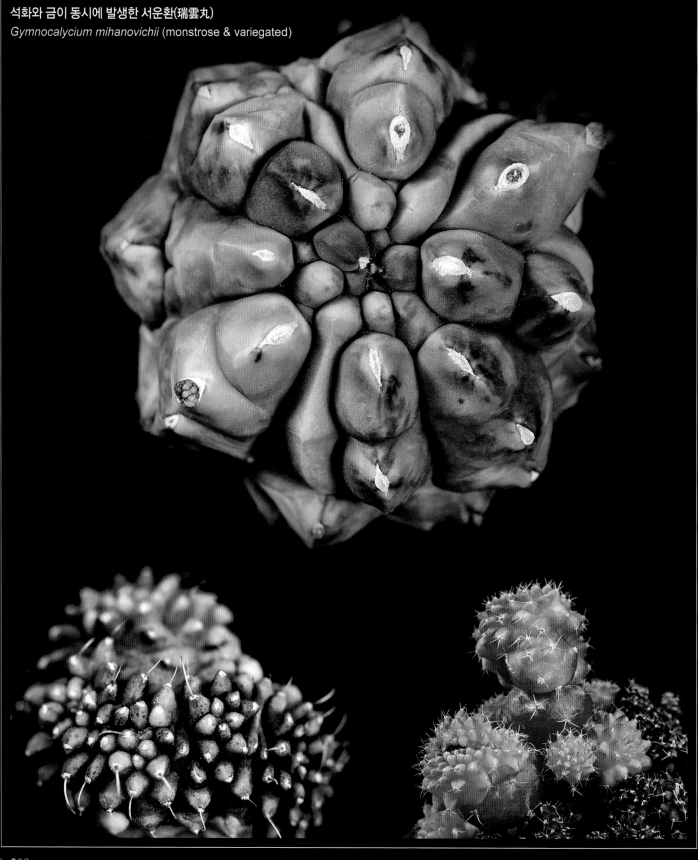

서운환 '아구아 둘체'
Gymnocalycium mihanovichii `Agua Dulce`

이 종은 2000년, 이 속 선인장을 전문적으로 연구하
는 식물학자인 루드비히 베르히트(Ludwig Bercht)
가 원산지인 파라과이의 아구아 둘체 지역에서 발견
해서 표본으로 가지고 돌아왔다. 이듬해인 2001년,
러시아와 독일의 재배가들 사이에서 '프리드리히' 라
는 이름의 품종으로 보급되었지만 별로 확산되지는
않았다. 순정인 종은 능이 매우 뚜렷하고, 짧은 한 개
의 가시가 구부러져서 능에 붙어있는 것이 특징이다.

서운환 '아구아 둘체' (금)
Gymnocalycium mihanovichii `Agua Dulce`
(variegated)

209

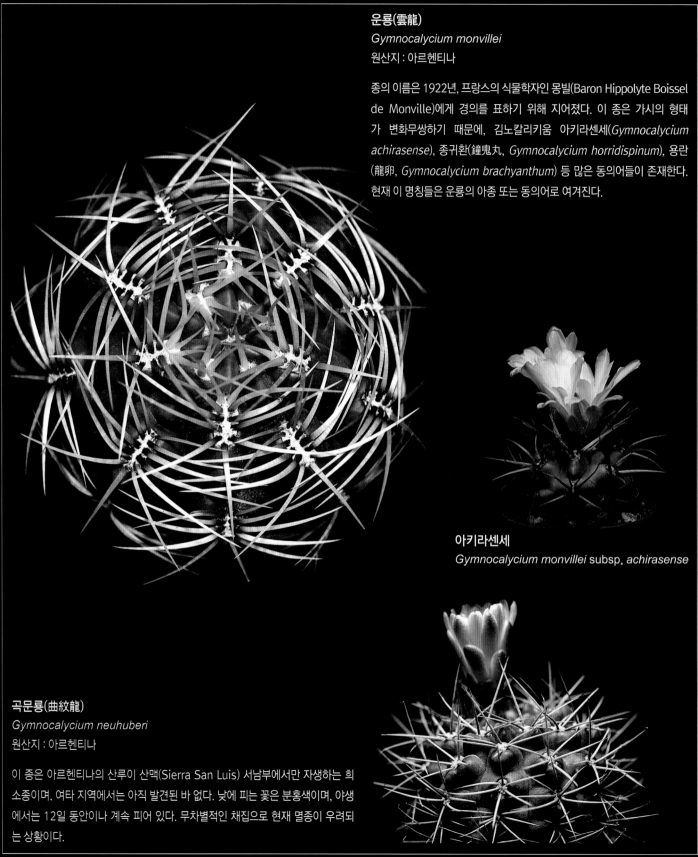

운룡(雲龍)
Gymnocalycium monvillei
원산지 : 아르헨티나

종의 이름은 1922년, 프랑스의 식물학자인 몽빌(Baron Hippolyte Boissel de Monville)에게 경의를 표하기 위해 지어졌다. 이 종은 가시의 형태가 변화무쌍하기 때문에, 김노칼리키움 아키라센세(*Gymnocalycium achirasense*), 종귀환(鐘鬼丸, *Gymnocalycium horridispinum*), 용란(龍卵, *Gymnocalycium brachyanthum*) 등 많은 동의어들이 존재한다. 현재 이 명칭들은 운룡의 아종 또는 동의어로 여겨진다.

아키라센세
Gymnocalycium monvillei subsp. *achirasense*

곡문룡(曲紋龍)
Gymnocalycium neuhuberi
원산지 : 아르헨티나

이 종은 아르헨티나의 산루이 산맥(Sierra San Luis) 서남부에서만 자생하는 희소종이며, 여타 지역에서는 아직 발견된 바 없다. 낮에 피는 꽃은 분홍색이며, 야생에서는 12일 동안이나 계속 피어 있다. 무차별적인 채집으로 현재 멸종이 우려되는 상황이다.

김노칼리키움 오코테레나에
Gymnocalycium ochoterenae

원산지 : 아르헨티나 북부

오코테레나(Ochoterena) 교수를 기념하기 위해 종의 이름이 지어졌다.

오코테레나에(철화)
Gymnocalycium ochoterenae (cristata)

오코테레나에(철화 · 금)
Gymnocalycium ochoterenae (cristata & variegated)

무자 바테리
Gymnocalycium ochoterenae subsp. *vatteri* 'No Spine'

바테리
Gymnocalycium ochoterenae subsp. *vatteri* 'Single Spine'
원산지 : 아르헨티나

바테리
Gymnocalycium ochoterenae subsp. *vatteri* 'Single Spine'

바테리(금)
Gymnocalycium ochoterenae subsp. *vatteri* 'Single Spine' (variegated)

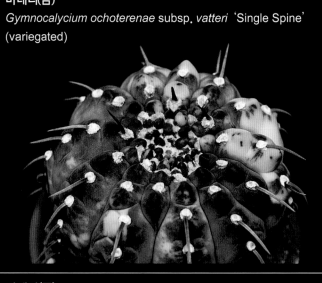

바테리
Gymnocalycium ochoterenae subsp. *vatteri* 'Two Spine'

바테리(금)
Gymnocalycium ochoterenae subsp. *vatteri* (variegated)

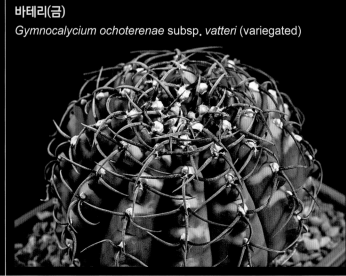

바테리(석화)
Gymnocalycium ochoterenae subsp. *vatteri* (monstrose)

김노칼리키움 오코테레나에 '바리스피눔'
Gymnocalycium ochoterenae 'Varispinum'

마천룡(*Gymnocalycium mazanense*)과 혼동되는 일
이 많지만, 이 종은 1개의 가시자리에 3개의 가시만 나며,
그 가시는 마천룡보다 짧지만 두껍다.

해왕환(금)
Gymnocalycium paraguayence (variegated)

해왕환(海王丸)
Gymnocalycium paraguayence

순비옥(純緋玉)
Gymnocalycium oenanthemum
원산지 : 아르헨티나 북부

용두(龍頭)
Gymnocalycium quehlianum
원산지 : 아르헨티나 북부

용두(철화)
Gymnocalycium quehlianum (cristata)

천사옥(天賜玉)
Gymnocalycium pflanzii
원산지 : 아르헨티나, 볼리비아

천자옥(天紫玉)
Gymnocalycium pflanzii var. *albipulpa*

천자옥(금)
Gymnocalycium pflanzii var. *albipulpa* (variegated)

천자옥(철화)
Gymnocalycium pflanzii var. *albipulpa* (cristata)

215

관옥(冠玉) 또는 김노칼라기움 파르불룸
Gymnocalycium parvulum
원산지 : 아르헨티나

신천지(新天地)
Gymnocalycium saglionis
원산지 : 아르헨티나 서북부

신천지(철화)
Gymnocalycium saglionis (cristata)

신천지(금)
Gymnocalycium saglionis (variegated)

파광용(波光龍)
Gymnocalycium schickendantzii
원산지 : 아르헨티나 북부

파광용(철화)
Gymnocalycium schickendantzii (cristata)

흑나한환(黑羅漢丸)

Gymnocalycium ragonesei

원산지 : 아르헨티나 북부

해발 100~200m의 알칼리성 토양인 초원지대에 자생하는 매우 한정적인 희소품종이다. 몸체는 낮고 편평한 구형이며, 표피의 색은 녹색이 도는 갈색이다. 짧은 가시가 특징으로 이 속의 다른 종들과 명확하게 구별되는 점이다.

흑나한환(석화)

Gymnocalycium ragonesei (monstrose)

천평환 또는 김노칼리키움 스페가치니 (철화)
Gymnocalycium spegazzinii (cristata)

광림옥(光琳玉)
Gymnocalycium spegazzinii subsp. *cardenasianum*
천평환(天平丸)의 아종

광림옥(금)
Gymnocalycium spegazzinii subsp. *cardenasianum* (variegated)

김노칼리키움 교배종
Gymnocalycium hybrid

김노칼리키움 교배종(금)
Gymnocalycium hybrid (variegated)

김노칼리키움 교배종 '멀티 립스'
Gymnocalycium hybrid 'Multi Ribs'

219

와룡주(臥龍柱)속

Harrisia

해리시아속

———

속의 이름은 자메이카 섬 식물연구의 선구자인 윌리엄 해리스(Willaim Harris)의 이름을 따서 지어졌다. 미국의 플로리다 주와 아르헨티나, 파라과이, 브라질, 볼리비아, 우루과이 등이 자생지이며, 약 17종 이상이 존재한다. 관상용으로는 인기가 없지만, 강건하고 어떤 토양에서도 잘 자라며, 값이 싸고 입수하기도 쉽기 때문에 접목용 대목으로 자주 사용된다.

일반적인 형태

몸체는 가늘고 능의 숫자는 그다지 많지 않다. 가시자리에서 나는 바늘같은 형태의 가시들은 직립한다. 커다란 흰 깔때기 모양의 꽃은 가시로 덮여있으며, 가시자리에서 개화한다. 밤에 피어나 은은한 향을 풍기지만, 개화일수는 하루에 불과하다. 열매는 타원형이며 익으면 빨간색 또는 노란색이 된다. 종자는 검은색이다.

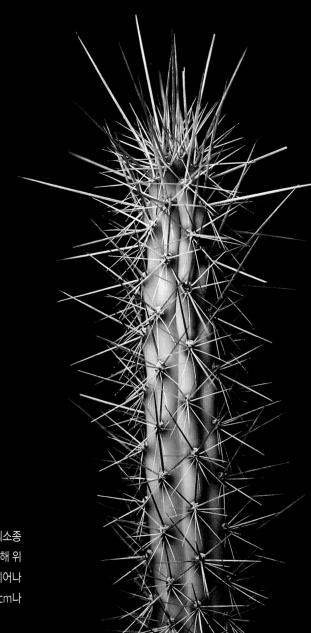

향모주(香茅柱)
Harrisia fragrans
원산지 : 미국

이 종은 미국 플로리다 주에서만 자생하는 희소종이다. 현재, 야생개체수는 자생지의 파괴로 인해 위기일 정도로까지 감소하고 있다. 꽃은 밤에 피어나 은은한 향기를 내뿜는다. 꽃자루는 길고, 20cm나 된다.

해리사아 유스베르티

Harrisia Jusbertii

이 종은 전문가들 사이에서는 천녀주(天女柱, *Harrisia pomanensis*)와 단모환(短毛丸, *Echinopsis eyriesii*) 사이에서 만들어진 교배종일 것이라는 의견이 지배적이다.

해리시아 유스베르티(금)

Harrisia Jusbertii (variegated)

Hatiora
하티오라속

속의 이름은 16세기의 식물학자인 토마스 해리오트(Thomas Hariot)를 기념하기 위해 지어졌다. 브라질 남부의 해발 300~2,000m 사이의 열대우림 속 수목과 바위에 붙어 생활하는 착생식물이다. 재배가 쉽고, 꽃이 아름다워서 관상식물로 널리 재배되고 있다. 꺾꽂이로 번식시킨다. 에피필롭시스(*Epiphyllopsis*)속, 립살리돕시스(*Rhipsalidopsis*)속 등이 모두 이 속으로 통합되었다. 국내에서는 게의 발처럼 줄기가 생겼다고 해서 '게발선인장(*Hatiora gaertneri* 혹은 *Hatiora rosea*)'으로 불리는 종류를 흔히 볼 수 있으며, 꽃이 피는 시기가 부활절 무렵이라는 의미에서 외국에서는 '부활절선인장'이라고도 불린다.

일반적인 형태
둥글거나 납작한 작은 줄기의 마디를 이어서 선 모양으로 늘린다. 몸체는 진한 녹색이며, 평활한 표피에는 가시가 없다. 낮에 분홍색, 빨간색 또는 노란색의 꽃을 정점에서 피우지만 너무 온도가 높으면 잘 개화하지 않는다.

하티오라 살리코르니오이데스
Hatiora salicornioides
원산지 : 브라질

마디가 있는 줄기가 마치 뼈처럼 보인다고 하여 '춤추는 뼈(Dancing bones)' 또는 위스키 술병처럼 보인다고 하여 '술고래의 꿈(Drunkard's Dream)' 이라는 재미있는 이름들을 얻었다.

하티오라 살리코르니오이데스 밤부소이데스
Hatiora salicornioides forma bambusoides

줄기가 대나무처럼 보인다고 하여 붙여진 이름이다.

백련각(白蓮閣)속
Hylocereus
힐로케레우스속

속의 이름은 그리스어로 숲을 뜻하는 'hyle'와 'cereus'를 합성한 것으로, 숲에서 자라는 선인장을 의미한다. 멕시코 남부지역부터 남미대륙의 해발 2,200m 정도의 열대림에 자생한다. 접목을 위한 대목으로도 쓰이지만, 현재 대부분은 용과(龍果, Dragon Fruit) 또는 피타야(Pitahayas)라고 부르는 과일을 얻기 위해 농장에서 재배된다.

일반적인 형태

중ㆍ대형 선인장이다. 열대우림 속에서 자라지만 착생식물의 형태는 아니며 뿌리를 내린 이후부터 성장해서 약 10m 정도의 크기까지 자라난다. 줄기는 보통 삼각주 형태이며, 가시는 거의 없거나 아주 짧다. 꽃은 선인장 중에서도 가장 큰 편이어서 지름 30cm를 넘는 경우가 대부분이며 하얀색이고 향기도 있다. 개화기간은 매우 짧아서 몇 시간에 불과하다. 성장이 매우 빠른 편이며 시중에서 볼 수 있는 김노칼리키움속의 비모란은 거의 대부분 힐로케레우스를 대목으로 사용하는 것이다.

힐로케레우스 운다투스
Hylocereus undatus
원산지 : 남미

흔히 '용과 또는 피타야'라고 불리는 과일 생산을 위해 대규모로 재배가 이루어지고 있는데, 품종개량이 많이 이루어졌다. 식이섬유가 풍부하고 칼로리가 낮기 때문에 건강에 좋은 과일로 여겨진다.

힐로케레우스(금)
Hylocereus sp. (variegated)

힐로케레우스 코스타리켄시스(금)
Hylocereus costaricensis (variegated)

옥만(玉蔓)속

Lepismium
레피스미움속

——

속의 이름은 비늘 또는 껍질을 뜻하는 그리스어인 'lepisma'에서 온 것이며, 가시자리의 주위에 있는 작은 인편(鱗片)을 가리킨다. 립살리스(*Rhipsalis*)속과 유사한 형태를 띠지만, 이 속은 분지한 가지의 모습이 아름답지 않고, 가시도 많다. 볼리비아, 아르헨티나, 파라과이, 우루과이, 브라질 등의 남미대륙에 자생하며, 야생에서는 해발 300~2,050m 열대우림의 큰 나무와 바위에 착생하여 생활한다. 대략 14종이 존재한다. 재배가 쉽고, 꺾꽂이로 번식시킨다.

일반적인 형태

착생식물이다. 줄기는 원형인 것과 각진 것, 납작한 것 등 여러 가지 형태가 있다. 분지하면서 2m 정도나 아래로 늘어지며, 관목형태로 자란다. 표피는 평활하고 녹색이며 작은 가시가 나있는 것과 가시가 퇴화되어 없는 것이 있다. 꽃은 작고 종 모양이며, 짧은 관 모양의 꽃자루가 줄기에 붙어있다. 색은 주황색이거나 흰색이다. 열매는 계란형으로 가시가 듬성듬성 붙어있기도 하며, 색은 보라색과 분홍색이다. 검은색 또는 다갈색의 작은 종자가 들어있다.

안진(安珍) 또는 레피스미움 크루키포르메
Lepismium cruciforme

대부분 볼리비아에 자생하며 인근 브라질과 아르헨티나에서도 간혹 발견된다.

화류(花柳) 또는 레피스미움 호울레티아눔
Lepismium houlletianum
원산지 : 브라질 동부

광산(光山)속
Leuchtenbergia
레우크텐베르기아속

————

속의 이름은 독일의 로히텐베르크(Leuchtenberg) 대공(Duke)에게 경의를 표하는 뜻에서 지어졌다. 멕시코의 치우아후안 사막지역에 자생하며 1846년, 유럽에서 재배되기 시작했다. 1속 1종의 식물이며, 성장은 느리고, 강한 햇빛과 물 빠짐이 좋은 토양을 좋아한다. 페로칵투스(*Ferocactus*)속, 아스트로피툼(*Astrophytum*)속, 에키노칵투스(*Echinocactus*)속 등의 선인장들과의 이속 간 교배가 가능한데, 특히 페로칵투스속과의 교배종이 자주 눈에 띄며, 보통 페로베르기아(Ferobergia)로 불린다. 아가베 또는 유카와 흡사한 외견 때문에 '아가베선인장'으로도 불린다.

일반적인 형태
땅 속에 괴근을 형성한다. 극단적으로 길게 형성된 결절들은 딱딱한 삼각 막대 모양으로 최대 14~15cm 정도까지 자라며 로제트(Rosette) 형태를 이룬다. 이런 형태 때문에 선인장이 아니라 아가베나 유카의 한 종류로 생각되어 지기도 한다. 결절들의 끝 부분에 있는 가시자리에서는 최대 30cm 이상도 자라는 종이처럼 생긴 갈대와도 같은 가시들이 붙어 있다. 정수리 부분에서 노란색의 커다란 꽃을 며칠 동안 계속 피운다. 열매는 둥글며 녹색이고, 검고 작은 종자가 들어있다.

광산(光山)
Leuchtenbergia principis

광산(光山) [금]
Leuchtenbergia principis (variegated)

광산(석화)
Leuchtenbergia principis (monstrose)

여화환(麗花丸)속

Lobivia

로비비아속

★단모환속으로 통합

속의 이름은 이 종류의 선인장이 최초로 발견된 곳인 볼리비아의 앞의 두 음절을 바꾼 것이다. 30여 종 이외에도 무수히 많은 교배종이 있으며, 대부분 아름다운 꽃을 즐기기 위해 재배한다. 한자 이름인 여화환도 꽃이 아름답다는 의미에서 지어진 것이다. 실생재배와 꺾꽂이를 통해 번식시킨다. 현재는 단모환(短毛丸, *Echinopsis*)속으로 통합되었다.

일반적인 형태
단모환속에 대한 설명에 준한다.

황상환(黃裳丸)
Lobivia aurea
원산지 : 아르헨티나

황상환(석화)
Lobivia aurea (monstrose)

미연환(美研丸)
Lobivia schieliana

로비비아 교배종(철화·금)
Lobivia hybrid (cristata & variegated)

양성환(陽盛丸)
Lobivia famatimensis

로비비아 교배종(금)
Lobivia hybrid (variegated)

로비비아속의 다양한 교배종들
Lobivia hybrid

로비비아속 선인장의 이종 간 교배는 현재에도 활발하며 다양한 색채와 모양을 띤 교배종들이 계속 생겨나고 있다. 로비비아속이 통합된 단모환속에 속하는 종들 간의 교배에서는 꽃의 색과 모양이 다른 개체들이 생겨나기도 하고 또한 접목을 통해서도 많은 변화가 나타나기도 한다. 따라서 모주와 같은 형질의 자구를 원할 경우 자구를 분리해 내는 것 이외에는 방법이 없다. 여기에 소개하는 많은 교배종들은 정확한 이름을 알 수 없는 것들이다. 그 중 교배자가 이름을 붙인 경우도 있지만 대개는 어디에도 정식 등록되지는 않은 것들이다.

로비비아 '핑크 팬더'
Lobivia `Pink Panther`

수완 그라톰 룬 존의 교배종

로비비아 '주피터'
Lobivia `Jupiter`

수완 그라톰 룬 존의 교배종

로비비아 '핑크 파스텔'
Lobivia `Pink Pastel`

수완 마이사이의 교배종

로비비아 '빅 파이어볼'
Lobivia `Big Fireball`

수완 마이사이의 교배종

선인장 재배가인 수완 그라톰 룬 존에 의해 만들어진 교배종들

로비비아 `핑크 레이디`
Lobivia `Pink Lady`

로비비아 `퍼스트 러브`
Lobivia `First Love`

로비비아 `선라이즈`
Lobivia `Sunrise`

새로운 품종인 로비비아 신쇼와
Lobivia shinshowa

보통 큰 꽃잎이 존재하는 타입과는 달리 꽃잎이 작고, 프릴 모양으로 꽃이 생기는 종을 '신쇼와'라고 부른다. 이름에서 알 수 있듯 일본에서 개발이 된 품종이며, 최근 보급되기 시작한 종류이므로 꽃 색깔의 종류는 많지 않다.

계관주(鷄冠柱)속

Lophocereus
로포케레우스속

———

★상제각속으로 통합

상제각(上帝閣, *Pachycereus*)속으로 통합되었다. 미국과 멕시코가 원산지다.

일반적인 형태

5m 이상 자라는 대형 선인장이다. 대부분 분지하지 않고 기둥 형태로 자란다. 밤에 흰색 또는 연분홍색의 꽃을 가시자리에서 피우며, 강한 향기를 갖고 있다. 열매는 대부분 동그랗고 익으면 주황색으로 변하며 먹을 수 있다. 최근 상제각의 석화가 특이한 형태로 인기를 끌고 있다.

상제각 (철화)
Lophocereus schottii (cristata)

복녹수(福錄壽) [석화]
Lophocereus schottii (monstrose)

상제각의 석화 형태다.

오우옥(烏羽玉)속

Lophophora

로포포라속

———

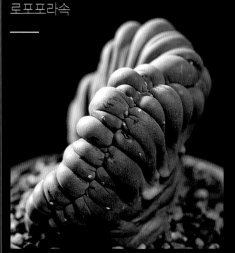

취관옥(翠冠玉) [철화]
Lophophora diffusa (cristata)

미국 텍사스 주와 인접하는 멕시코에 자생하는 가시가 없는 구형의 소형 선인장들이다. 속의 이름은 언덕의 정점을 의미하는 'lophos'와 가지고 가다, 나르다는 뜻의 'phoreus'라는 두 개의 그리스어를 합성한 것으로 결절들의 끝 부분을 장식하고 있는 털 다발들의 형상을 나타내는 것이다. 크고 두꺼운 뿌리 부분에 환각작용을 일으키는 물질이 포함되어 있으며, 특히 현지에서 '페요테(Peyote)'로 불리는 오우옥(烏羽玉, *Lophophora williamsii*)을 섭취하면 의식이 몽롱해지는 환각을 일으키는데, 그것을 아는 현지인들은 수세기 전부터 여러 의식에 이용해왔다고 전해진다. 처음에는 에키노칵투스 윌리엄시(*Echinocactus williamsii*)라는 학명으로 소개가 이루어졌고, 다시 1894년에 로포포라속으로 분류되었다. 현재는 품종의 개량을 통해 많은 교배종들이 만들어지고 있다. 성장은 매우 느려 야생에서는 개화하기까지 수 십 년이 걸릴 정도라고 한다. 재배 상태의 개체들도 대개는 10년을 전후해서 개화하며 물 빠짐이 매우 좋은 토양이 필수적이다. 국내는 수입이 금지되어 있다.

일반적인 형태

땅 속에 괴근을 형성한다. 줄기는 낮은 구형이다. 평활한 표피는 회색빛이 도는 윤기 없는 청회색을 띤다. 약간 융기된 결절에는 흰 솜털로 형성된 작은 가시자리가 있으며, 그 털이 폭신폭신한 타입인 종도 있다. 가시자리에는 가시가 없다. 정수리도 솜털로 싸여있다. 어릴 때는 단간이지만, 성장하면 군생한다. 정점에서 분홍색 또는 약간 회색에 가까운 흰색의 작은 꽃을 피운다. 빨간색 또는 분홍색의 열매는 꽤 작고, 긴 타원형 모양이다. 종자는 검은색이다.

취관옥
Lophophora diffusa

로포포라 후리치
Lophophora fricii
원산지 : 멕시코 북부

로포포라 후리치(금)
Lophophora fricii (variegated)

로포포라 알베르토 보이테휘
Lophophora alberto - vojtechii
원산지 : 멕시코

로포포라 요르단니아나
Lophophora jourdaniana

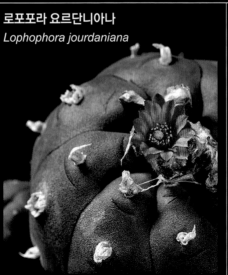

로포포라 코에레시
Lophophora koehresii

243

오우옥(烏羽玉)
Lophophora williamsii

오우옥(철화)
Lophophora williamsii (cristata)

자취오우옥(子吹烏羽玉)
Lophophora williamsii `Caespitosa`

'자취'란 자구를 자유분방하게 많이 생산하는 품종을 의미한다.

자취오우옥(금)
Lophophora williamsii `Caespitosa` (variegated)

희무장아(姫武藏野)속

Maihueniopsis

마이후에니옵시스속

_____

속의 이름은 '마이후에니아(*Maihuenia*)'라는 선인장의 속명과, 비슷하다는 뜻의 그리스어인 'opsis'를 합성한 것으로, '마이후에니아와 비슷한 선인장'이라는 의미이다. 페루, 칠레, 아르헨티나, 볼리비아 등지에서 자생하며, 13종 이상이 알려져 있다. 극한의 땅에서도 생존 가능한 선인장 중 하나이다. 잘 재배되지 않는다.

일반적인 형태

구형 또는 타원형의 줄기를 포개어 쌓아 막대 모양을 이룬다. 또는 자구를 생산하여 관목형태의 군생체를 이룬다. 땅 속에는 괴근을 형성하여 양분과 수분을 저장한다. 가시는 많은 것과 거의 없는 것 등 많은 변화가 있다. 꽃은 노란색, 주황색, 붉은색으로 다양하며, 열매는 익으면서 황록색이 된다. 큰 종자는 엷은 황색을 띤다.

족환(足丸)

Maihueniopsis bonnieae

원산지 : 아르헨티나

245

마이후에니옵시스 다르위니 히케니
Maihueniopsis darwinii var. *hickenii*
원산지 : 아르헨티나

희무장야와 동의어로 쓰이기도 한다.

족환(足丸) [금]
Maihueniopsis bonnieae (variegated)

희무장야(姬武藏野)
Maihueniopsis glomerata
원산지 : 아르헨티나

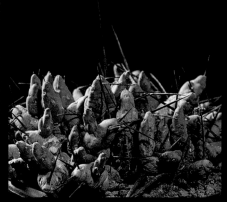

아조화상(鵝鳥和尙) 또는
마이후에니옵시스오바타
Maihueniopsis ovata
원산지 : 아르헨티나

'아조' 는 거위라는 뜻이다.

유돌환(乳突丸)속

Mammillaria

마밀라리아속

공식적으로 인정된 종만 200개에 가까운, 아마도 가장 규모가 큰 선인장의 속 중 하나이다. 속의 이름은 젖 꼭지를 뜻하는 그리스어인 'mammilla'로 이 종류 선인장의 결절이 돌출된 모습을 표현하고 있다. 거의 대부분의 종은 멕시코에 자생하며 소수의 종만이 인접하는 미국과 중남미 지역에 걸쳐 퍼져있다. 적당한 크기, 다양한 형태의 가시 그리고 재배와 번식이 쉽다는 점이 이 선인장들을 대중적인 최고의 인기종으로 만들었고, 그 인기에 걸맞게 많은 관련된 연구가 이루어졌기도 하다. 강한 햇빛과 통풍, 물 빠짐이 좋은 토양을 선호하는 선인장이며, 실생재배 또는 자구를 떼어 내는 등의 방식으로 번식시킨다.

일반적인 형태

대부분 몸체는 구형이며, 단구로 자라거나 군생체를 이룬다. 군생체 중에는 1m 이상의 폭으로 커지는 종류도 있지만 대부분은 약 20cm 정도의 높이와 15cm 정도의 폭을 넘지 않는 중소형이다. 결절은 젖꼭지라는 별명이 붙을 정도로 뚜렷이 융기하며 가시는 다양한 크기와 형태를 갖는다. 꽃은 종 모양 또는 깔때기 모양으로 작고, 정상부 바로 밑에서 무리지어 핀다. 꽃의 색도 매우 다채롭다. 열매는 작은 원통 또는 곤봉 모양이며, 익으면 정수리 부분에서 튀어나오듯 뚜렷하게 모습을 드러낸다. 색상은 다양한데, 종자는 작고 검은색이다.

담설환(淡雪丸)
Mammillaria albicoma
원산지 : 멕시코 동북부에서 중부까지

백천환(白天丸)의 아종인 프라일레이나
Mammillaria albicans subsp. *fraileana*
원산지 : 멕시코

앵부사(櫻富士)
Mammillaria boolii
원산지 : 멕시코 서북부 소노라 주의 해안가

앵부사(금)
Mammillaria boolii (variegated)

앵부사 재배종 `M.P.01`
Mammillaria boolii `M.P. 01`

풍류환(風流丸)
Mammillaria blossfeldiana
원산지 : 멕시코 서북부

풍명환(豊明丸)
Mammillaria bombycina
원산지 : 멕시코

풍명환(금)
Mammillaria bombycina (variegated)

징심환(澄心丸)
Mammillaria backebergiana
원산지 : 멕시코 중부

어광환(御光丸)
Mammillaria carretii
원산지 : 멕시코 동북부

낭금환(郎琴丸)
Mammillaria beneckei
원산지 : 멕시코 서부

꽃은 주황색이 도는 황색이다. 재배가 쉽고,
매우 튼튼한 마밀라리아 중 하나이다.

낭금환(금)
Mammillaria beneckei (variegated)

봉황(鳳凰)
Mammillaria bertholdii
원산지 : 멕시코

안드레아스 베르톨드(Andreas Berthold)에 의해 2014년에 발
견된 신종이다. 멸종위기종이다. 자생지에서는 작은 군집체를 형성
한다. 흑목단(*Ariocarpus kotschoubeyanus*)처럼 땅 속에 묻히
며, 빛을 받고 꽃을 피우기 위해 줄기의 일부만을 땅 위에 내놓는다.
백사자(白斜子, *Mammillaria pectinifera*)와 비슷한 길고 편평한
가시자리가 특징이다.

고사(高砂)
Mammillaria bocasana
원산지 : 멕시코 중부

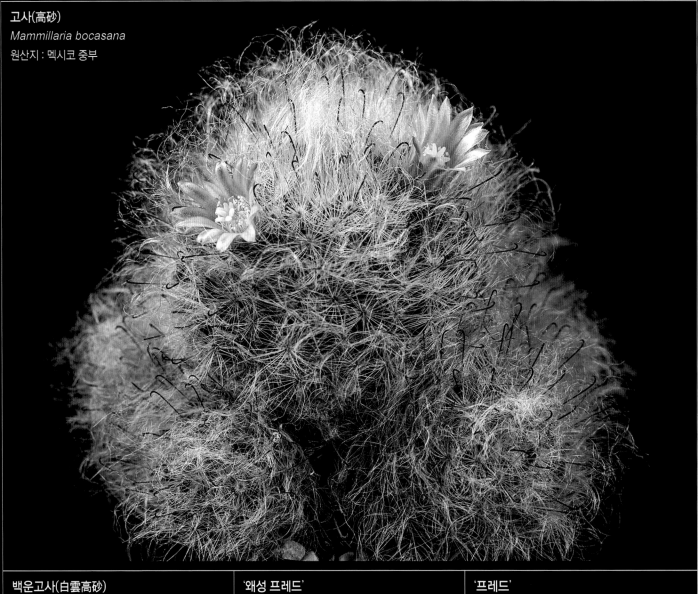

백운고사(白雲高砂)
Mammillaria bocasana ˋMultilanataˋ

ˋ왜성 프레드ˋ
Mammillaria bocasana ˋDwarf Fredˋ

ˋ프레드ˋ
Mammillaria bocasana ˋFredˋ

설무화환(雪武華丸)의 원예종 '에루사무'
Mammillaria bucareliensis 'Erusamu'

일본에서 개발된 품종이며 결절의 끝부분과 능 사이의 하얀 솜털이 개체마다 다른 양상을 보이는 것이 특징이다. 가시가 약간씩 남아 있는 개체도 있다. 꽃의 색은 분홍색이다.

설무화환
Mammillaria bucareliensis
원산지 : 멕시코

'에루사무'(금)
Mammillaria bucareliensis 'Erusamu'
(variegated)

설무화환(석화)
Mammillaria bucareliensis (monstrose)

마밀라리아 카르메나에
Mammillaria carmenae
원산지 : 멕시코 중부

종의 이름은 이 종에 대한 식물학적 형태 해설을 실시한
마르셀리노 카스타네다(Marcelino Castaneda)의 아
내인 카르멘 곤잘레스 카스타네다(Carmen Gonzales-
Castaneda) 교수를 따라 지어졌다. 1953년 최초로 발
견된 표본은 재배지로 옮겨진 후에 소멸되어 버렸지만, 그
후 1977년에 다시 새로운 개체가 발견되었다. 그러나 그
개체수는 23㎢ 범위 내에 100개가 채 되지 않아 멸종이 우
려되는 희소종이 되었다. 현재 널리 재배되고 있으며, 철화
와 석화 등 다양한 변이종도 생겨나고 있다.

마밀라리아 카르메나에(철화)
Mammillaria carmenae (cristata)

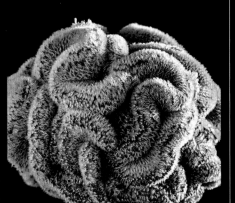

마밀라리아 카르메나에(석화)
Mammillaria carmenae (monstrose)

백용환(白龍丸)

Mammillaria compressa

원산지 : 멕시코 중부

가장 대형인 마밀라리아 중 하나이다. 야생에서는 해발 1,000~2,240m 지역에 자생한다. 어려서는 단간이지만 성장하면 군생체를 이룬다. 열매는 먹을 수 있다.

백용환의 원예종 '하쿠류 크림 니시키'

Mammillaria compressa 'Cream'

일본에서 개발된 원예종이다. '하쿠류'는 '백용(白龍)'의 일본식 발음이고, '니시키'는 '금(錦)'의 일본식 발음이다. 이 원예종의 학명 표기는 *Mammillaria compressa* 'Cream' 으로 하는 것이 옳을 듯한데, 크림색으로 금이 생긴 원예종이라는 의미이다.

백용환(철화)

Mammillaria compressa (cristata)

백용환(철화) 형태의 원예종 '요칸'

Mammillaria compressa 'Yokan'

마밀라리아 치카
Mammillaria chica
원산지 : 멕시코 코아우일라 주

설백환(雪白丸)
Mammillaria candida
원산지 : 멕시코 동북부

곤륜환(崑倫丸)
Mammillaria columbiana

욕의환(浴衣丸)
Mammillaria columbiana subsp.
yucatanensis
원산지 : 멕시코

마밀라리아 셀시아나
Mammillaria celsiana
원산지 : 멕시코

마밀라리아 카우페라에
Mammillaria cowperae
원산지 : 멕시코

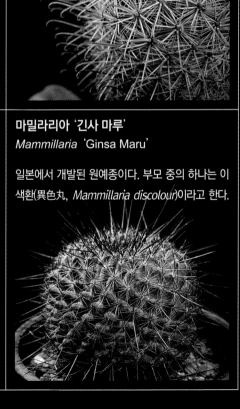

마밀라리아 딕산토센트론
Mammillaria dixanthocentron
원산지 : 멕시코 남부

마밀라리아 원예종 '골든 나바호'
Mammillaria 'Golden Navajo'

마밀라리아 '긴사 마루'
Mammillaria 'Ginsa Maru'

일본에서 개발된 원예종이다. 부모 중의 하나는 이
색환(異色丸, *Mammillaria discolour*)이라고 한다.

금사환(琴絲丸)
*Mammillariadecipiens*subsp.*camptotricha*
원산지 : 멕시코

'새둥지선인장' 이라고 불린다.

금사환 '브루'
Mammillaria decipiens subsp.
camptotricha ‘BRU’

구형환(球形丸) 교배종
Mammillaria sphaerica hybrid

칠칠자환(七七子丸) [금]
Mammillaria crinita subsp. *wildii* (variegated)

대목에 접목되어 있는 모습이다.

금수구(金手毬) 또는 마밀라리아 에롱가타

Mammillaria elongata

원산지 : 멕시코 중부

줄기가 긴 종으로, 자구를 만들면서 작은 관목형태의 군생체를 이룬다. 가시는 노란색부터 붉은색이 도는 보라색까지 풍부한 색채를 띤다. 태국에서는 '린존의 손가락' 선인장이나 '카지의 손가락' 선인장 등과 같은 유통명도 있는데, 이 품종의 재배자인 '린존 카존분' 과 '카지 와스턴' 의 이름에서 유래하는 것이다.

카지의 손가락 선인장

린존의 손가락 선인장

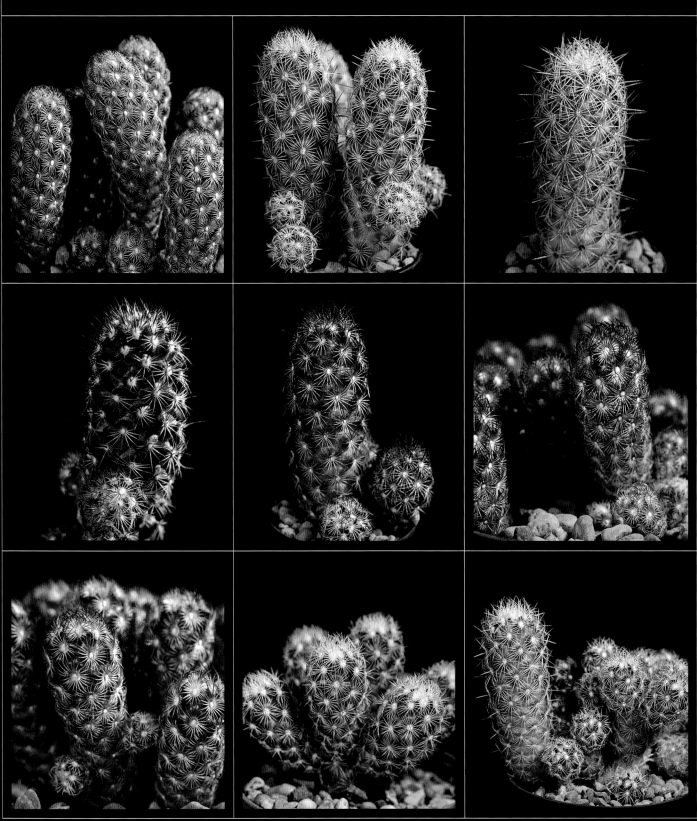

마밀라리아 에롱가타(석화)
Mammillaria elongata (monstrose)

마밀라리아 에롱가타(석화)
Mammillaria elongata (monstrose)

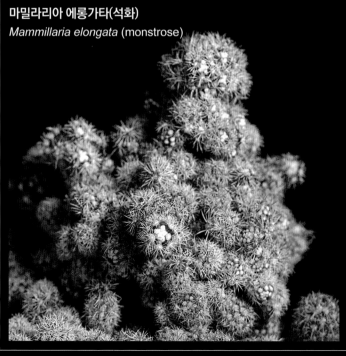

마밀라리아 에롱가타(철화)
Mammillaria elongata (cristata)

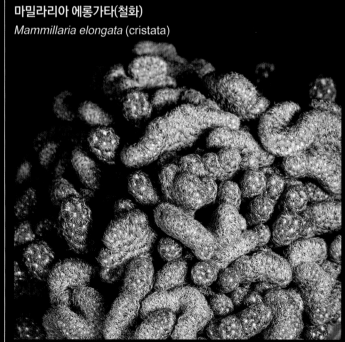

백옥토(白玉兔) 또는 마밀라리아 제미니스피나
Mammillaria geminispina
원산지 : 멕시코 중부

백옥토(철화)
Mammillaria geminispina (cristata)

마밀라리아 그라하미
Mammillaria grahamii
원산지 : 미국 서남부

이구환(利久丸)
Mammillaria guerreronis
원산지 : 멕시코 서남부

은수구(銀手毬)
Mammillaria gracilis
원산지 : 멕시코 동부에서 중부까지

'골무선인장' 으로도 불린다.

은수구(금)
Mammillaria gracilis (variegated)

은수구 교배종 '오루가'
Mammillaria gracilis hybrid `Oruga`

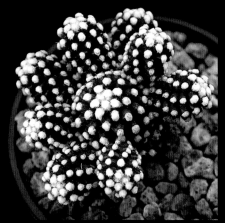

'아리조나 스노우'
Mammillaria gracilis `Arizona Snow`

여광전(麗光殿)

Mammillaria guelzowiana

원산지 : 멕시코 서북부

우완환(優婉丸)

Mammillaria deherdtiana

원산지 : 멕시코 서남부

설월화(雪月花)

Mammillaria haageana

원산지 : 멕시코 동남부 및 중부

마밀라리아 가우메리

Mammillaria gaumeri

원산지 : 멕시코

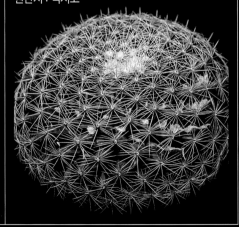

백조(白鳥)
Mammillaria herrerae
원산지 : 멕시코

두위환
Mammillaria duwei
원산지 : 멕시코

두위환의 군생체

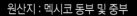

춘성(春星)
Mammillaria humboldtii
원산지 : 멕시코 동부 및 중부

춘성 '엘레강스'
Mammillaria humboldtii 'Elegans'

춘성의 변종이다.

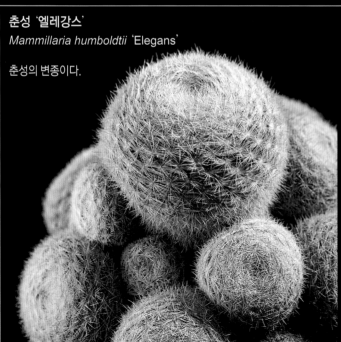

춘성(금)
Mammillaria humboldtii (variegated)

신혜(神慧)

Mammillaria huitzilopochtli

원산지 : 멕시코

종의 이름은 아즈텍 족의 전쟁의 신이자 태양의 신인 위칠로포치틀리(Huitzilopochtli)를 따라 지어졌다. 다양한 가시 형태가 존재하며 긴 중앙 가시를 가진 종류나 매우 짧은 가시를 가진 개체 모두 존재한다. 10월에서 12월 사이에 분홍색 꽃을 무리지어 피운다. 신의 지혜라는 이름은 이 품종의 외형에 잘 어울린다.

신혜(석화)

Mammillaria huitzilopochtli (montrose)

신혜 니둘리포르미스

Mammillaria huitzilopochtli subsp. *niduliformis*

원산지 : 멕시코

신혜보다 중앙가시가 2배 이상 많다.

창기환(槍騎丸)

Mammillaria johnstonii

원산지 : 멕시코 서북부

마밀라리아 니펠리아나

Mammillaria knipelliana

원산지 : 멕시코

금양환(金洋丸)

Mammillaria marksiana

원산지 : 멕시코 서북부

백사환(白蛇丸)
Mammillaria karwinskiana subsp. *nejapensis*
원산지 : 멕시코 남부

연적환(戀笛丸)의 아종이다.

백사환(금)
Mammillaria karwinskiana subsp.
nejapensis (variegated)

옥옹(玉翁)
Mammillaria hahniana
원산지 : 멕시코 중부

마밀라리아 라우이
Mammillaria laui
원산지 : 멕시코 동부 및 중부

이 종은 한정된 지역 내에서 자생하고 있으나 현지에서의 무분별한 채집으로 현재는 멸종위기에 처해 있다. 보호식물로 지정되어 있지만 여전히 시장에서는 자생지에서 채집된 식물들을 볼 수 있다.

금성(金星) 또는 마밀라리아 롱기마마
Mammillaria longimamma
원산지 : 멕시코 중부

금성(석화)
Mammillaria longimamma (monstrose)

금성(금)
Mammillaria longimamma (variegated)

금성(철화)
Mammillaria longimamma (cristata)

백견환(白絹丸)
Mammillaria lenta
원산지 : 멕시코 북부

연화(煙火) 또는 마밀라리아 루에티
Mammillaria luethyi
원산지 : 멕시코

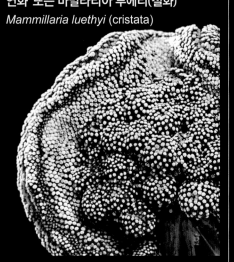

연화 또는 마밀라리아 루에티(철화)
Mammillaria luethyi (cristata)

아란옥 또는 마밀라리아 마갈라니
Mammillaria magallanii
원산지 : 멕시코 북부

269

경무(京舞) 또는 마밀라리아 마그니피카
Mammillaria magnifica
원산지 : 멕시코 중부에서 북부까지

이 종은 프란시스코 부헤나우(Francisco G. Buchenau)에
의해 한 번 발견되었다. 하지만 두 번째로 방문했을 때는 최초로
발견된 장소에서 모습을 감췄고, 그 후 해발 1,000~1,550m의
다른 장소인 벼랑 위에서 발견되었다. 개성 있는 가시를 가진 마
밀라리아 중 하나이다.

명풍환(明豊丸)
Mammillaria perezdelarosae
원산지 : 멕시코

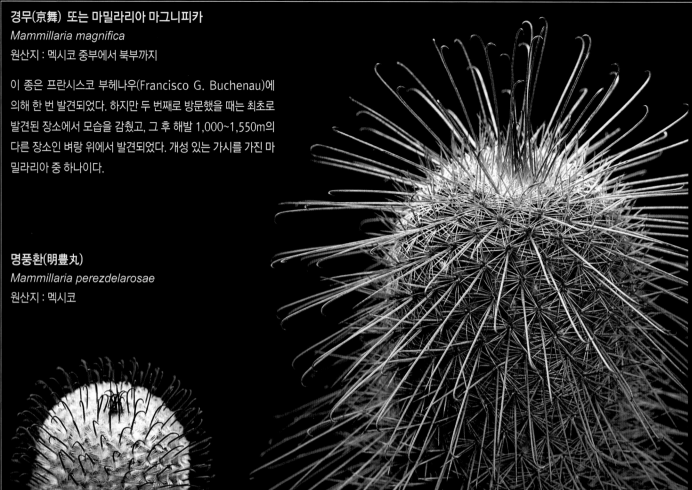

명풍환(철화)
Mammillaria perezdelarosae (cristata)

다선환(茶先丸)
Mammillaria mammillaris
원산지 : 베네수엘라 및 카리브해 제도

다선환(금)
Mammillaria mammillaris (variegated)

마밀라리아 마자트라넨시스

Mammillaria mazatlanensis

원산지 : 멕시코 서북부 해안

이 종의 예전 학명은 능위(綾威)였다.

마밀라리아 마자트라넨시스(금)

Mammillaria mazatlanensis (variegated)

마밀라리아 마자트라넨시스 교배종

Mammillaria mazatlanensis hybrid

석무(夕霧) [금]
Mammillaria microhelia (variegated)
원산지 : 멕시코

석무
Mammillaria microhelia

조일환(朝日丸)
Mammillaria rhodantha
원산지 : 멕시코 중부

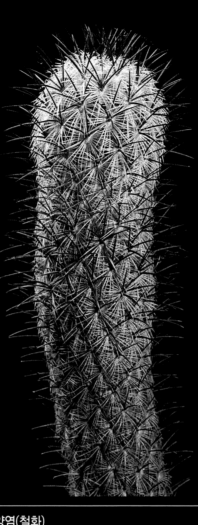

해천(海泉)**의 아종인 렙타칸타**
Mammillaria rekoi subsp. *leptacantha*
원산지 : 멕시코 남부

양염(陽炎)
Mammillaria pennispinosa
원산지 : 멕시코

양염(철화)
Mammillaria pennispinosa (cristata)

월궁전(月宮殿)
Mammillaria senilis
원산지 : 멕시코 서북부

금은사(金銀司) 또는 마밀라리아 니보사
Mammillaria nivosa
원산지 : 쿠바 및 서인도제도

금은사(철화)
Mammillaria nivosa (cristata)

금은사(석화)
Mammillaria nivosa (monstrose)

금은사 교배종
Mammillaria nivosa hybrid

백사자(白斜子)

Mammillaria pectinifera

원산지 : 멕시코 동남부 및 중부

종의 이름은 빗을 의미하는 라틴어인 `pecten`에서 유래했는데, 빗의 살을 닮은 가시의 형태를 표현한 것이다. 예전에는 정교환(精巧丸)속이거나 솔리시아(*Solisia*)속으로 분류되어 있었다. 극히 성장이 느린 종의 하나로 실생하여 키우면 꽃을 피우고 열매를 맺기까지 최소 8년 이상이 걸린다. 따라서 보통 접목을 통해 번식과 재배가 이루어진다. 야생에서는 멸종이 우려되는 희소종으로, 국제간 규약(CITES)에 의거해 상업 목적의 국제거래가 금지되어있다. 단, 수입국과 수출국의 정부가 허가서를 발행한 경우에는 대상에서 제외된다. 꽃은 연한 분홍색이다.

철화가 일어난 백사자
Mammillaria pectinifera (cristata)

백성(白星)

Mammillaria plumosa

원산지 : 멕시코 동북부

어려서는 단구이지만, 성장하며 자구 생산을 활발하게 하여 커다란 군생체를 형성한다. 가시는 하얗고 부드러운 깃털 모양이며, 몸체를 빽빽이 감싸 강한 태양광으로부터 보호한다. 꽃의 색은 흰색 또는 노란색이지만 현재에는 품종 개량에 따라 분홍색의 꽃이 피거나 가시의 형태가 다른 것도 존재한다. 향기가 나는 꽃을 피우는 원예종도 있다. 실생재배 또는 자구를 분리해서 번식시킨다.

분홍색 꽃을 피우는 백성의 원예종
Mammillaria plumosa `Pink Flower`

대복환(大福丸)
Mammillaria perbella
원산지 : 멕시코 중부

야생에서는 해발 1,500~2,800m 정도의 고지대에 자생
하지만, 저지대의 환경에서도 잘 적응하며 재배가 쉽다.
어려서는 단구지만, 성장하며 정수리가 두 쪽으로 나뉜다.
이렇게 두 개의 머리를 갖는 형상이 올빼미의 눈을 연상시
킨다 해서 '올빼미눈선인장' 이라는 애칭을 얻었다. 꽃은
분홍색이며, 타원형의 열매는 붉은 색이 도는 분홍색이다.
실생재배로 번식시킨다.

*백왕환(白王丸, *Mammillaria parkinsonii*)도 '올빼미
눈' 이라는 별명을 갖고 있다.

대복환 교배종(금)
Mammillaria perbella hybrid (variegated)

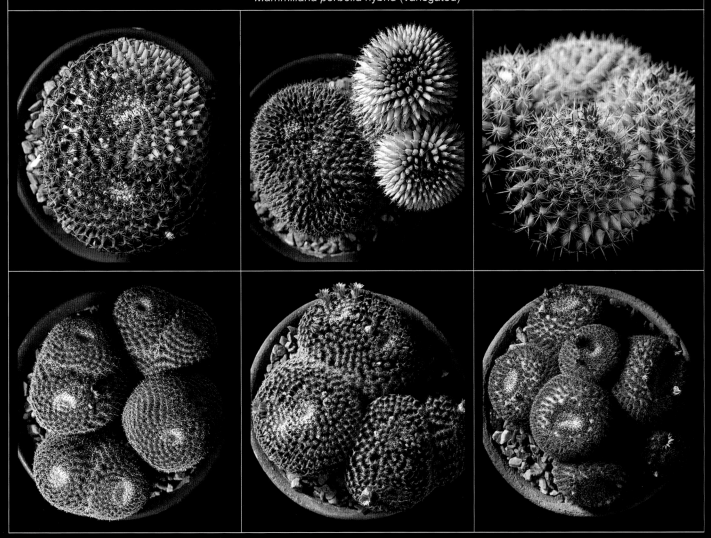

금송옥(金松玉)
Mammillaria prolifera
원산지 : 멕시코 동북부에서 미국 남부 및 쿠바까지

송하(松霞)
Mammillaria prolifera subsp. *multiceps*

금송옥의 아종이다.

금송옥(철화)
Mammillaria prolifera (cristata)

산지환(散知丸)
Mammillaria sanchez-mejoradae
원산지 : 멕시코

몸체의 크기가 지름 3cm도 되지 않는 소형종이다.
야생의 분포 지역이 한정적이고 확인된 개체수도
500개가 되지 않는 멸종위기종의 하나다. 가시는
털처럼 부드럽고 꽃은 분홍빛이 감도는 흰색이다.
저온을 선호하여 너무 고온이면 꽃이 잘 피지 않는다.

명성(明星) 또는 마밀라리아 스키에데아나

Mammillaria schiedeana

원산지 : 멕시코 동부에서 중부까지

종의 이름은 독일의 식물학자인 빌헬름 슈에데(Wilhelm Schiede)를 기념하기 위해 지어졌다. 야생에서는 해발 1,300~1,600m 정도의 다소 높은 지역에서 자생한다. 몸체는 둥근 형태이며, 측면에서 자구를 만든다. 털처럼 부드러운 가시가 있고, 겨울에 대게 흰색의 꽃을 피운다. 열매는 긴 타원형이며, 익으면서 노란색 또는 빨간색으로 변한다. 종자를 꺼내 잘 씻은 뒤 자연 건조시키고 파종한다. 재배는 쉽지만 일조량, 통풍 그리고 배수에 신경을 써야 한다.

이 종은 가시가 16~21개 정도이며 분홍색 꽃을 피우는 지셀라이(*Mammillaria schiedeana* subsp. *giselae*) 라는 아종과 가시의 수가 대략 50개이며 흰색의 꽃을 피우는 명월(明月) 두메토룸(*Mammillaria schiedeana* subsp. *dumetorum*) 이라는 두 가지의 아종이 존재한다. 지속적인 품종 개량이 이루어지고 있으며 최근에는 꽃의 색도 좀 더 다양해졌다.

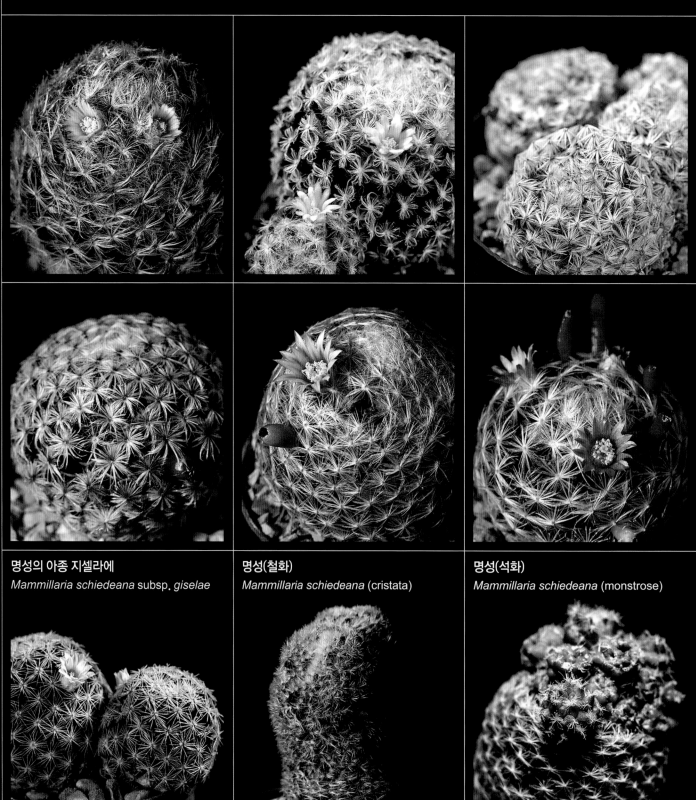

명성의 아종 지셀라에
Mammillaria schiedeana subsp. *giselae*

명성(철화)
Mammillaria schiedeana (cristata)

명성(석화)
Mammillaria schiedeana (monstrose)

봉래궁(蓬萊宮)
Mammillaria schumannii
원산지 : 멕시코

옅은 회색빛이 감도는 녹색의 몸체와 끝부분이 다갈색인 가시 그리고 거의 몸 전체를 덮을 정도로 커다란 꽃이 특징인 종이다. 갈고리처럼 아래쪽으로 휘어진 중앙 가시를 제외한 주변의 가시들은 보통 8~9개 정도이며 모두 활짝 벌어져있다. 마밀라리아속 중 비교적 성장 초기에 꽃을 피우는 종이며 여름에 개화한다. 열매는 선명한 갈색이며, 종자는 숫자가 적고 검은색이다.

봉래궁(금)
Mammillaria schumannii (variegated)

봉래궁(蓬萊宮)
Mammillaria schumannii `Single Spine`

봉래궁(철화)
Mammillaria schumannii (cristata)

봉래궁(석화)
Mammillaria schumannii (monstrose)

봉래궁(석화 · 금)
Mammillaria schumannii (monstrose & variegated)

괴신환(怪神丸)
Mammillaria sempervivi
원산지 : 멕시코 동부에서 중부까지

괴신환(철화)
Mammillaria sempervivi (cristata)

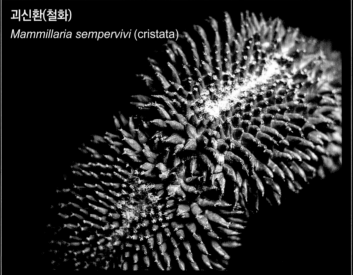

괴신환(금)
Mammillaria sempervivi (variegated)

281

구형환(球形丸)의 꽃
Mammillaria sphaerica
원산지 : 멕시코 동북부에서 텍사스주 동남부

구형환(금)
Mammillaria sphaerica (variegated)

마밀라리아 사보아에
Mammillaria saboae
원산지 : 멕시코 서북부

종의 이름은 1980~1981년 미국의 선인장 다육식물 협회장을 역임한 재배가 캐서린 사보(Kathryn Sabo)의 이름을 기념하여 지어졌다. 자생지가 해발 2,000m 이상의 고지대이기 때문에 고온다습한 재배지로 옮기면 썩어버리는 경우가 많다. 이런 이유로 흔히 접목을 통해 재배된 것들이 많다. 그러나 실생으로 키워진 개체들은 땅속에 괴근을 형성하기 때문에 훨씬 건강하게 성장할 수 있다.

다자환(多刺丸)
Mammillaria spinosissima
원산지 : 멕시코 중부

다자환의 아종인 방천환(芳泉丸)
Mammillaria spinosissima subsp.
pilcayensis
원산지 : 멕시코

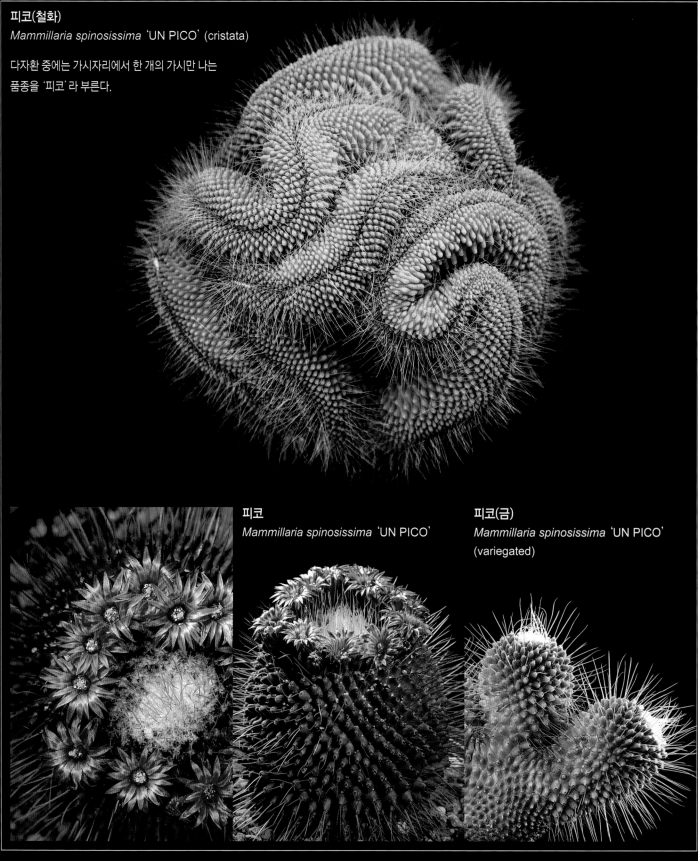

피코(철화)
Mammillaria spinosissima 'UN PICO' (cristata)

다자환 중에는 가시자리에서 한 개의 가시만 나는
품종을 '피코' 라 부른다.

피코
Mammillaria spinosissima 'UN PICO'

피코(금)
Mammillaria spinosissima 'UN PICO'
(variegated)

마밀라리아 바가스피나 '헬렌'
Mammillaria vagaspina `Helen`

보통 마밀라리아 바가스피나는 몽환성(夢幻城, *Mammillaria magnimamma*) 중에서
중앙가시가 잘 발달한 종류들을 구별하기 위한 이름이다.

바가스피나 '헬렌' 교배종
Mammillaria vagaspina `Helen` hybrid

석화가 일어난 바가스피나 '헬렌'
Mammillaria vagaspina `Helen` (monstrose)

마밀라리아 테레사에
Mammillaria theresae

종의 이름은 최초의 발견자 중 한 명인 테레사 복(Theresa Bock)을 기념하기 위해 지어졌다. 대체로 단구로 성장한다. 열매는 몸체 속에 숨어 있는 상태로 익어서 모주가 죽기 직전이 되어서야 비로소 점차 모습을 드러내는 신비한 종류이다. 그런 이유에서 대부분 모주 근처에서 발아하여 새롭게 자라나기 때문에 마치 모주에서 자라나온 자구처럼 보이기도 한다. 실생재배의 경우는 열매에서 채종한 씨앗보다 수년 동안 보존한 종자의 발아율이 더 높다고 한다.

테레사에의 꽃

접목되어 재배된 테레사에에 철화가 일어난 상태
Mammillaria theresae (cristata)

마밀라리아 서브덕타
Mammillaria subducta

마밀라리아 서브덕타(철화)
Mammillaria subducta (cristata)

마밀라리아 서브덕타와
마밀라리아 카르메나에와의 교배종
Mammillaria subducta X
Mammillaria carmenae

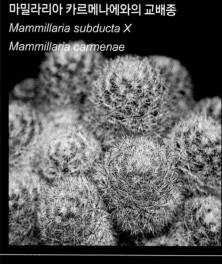

다자환(多刺丸) 교배종
Mammillaria spinosissima hybrid

백성(白星)과 소혹성(小惑星) 사이의 교배종
Mammillaria plumosa X Mammillaria glassii

봉래궁(蓬萊宮)과 앵부사(櫻富士) 사이의 교배종
Mammillaria schumannii X
Mammillaria boolii

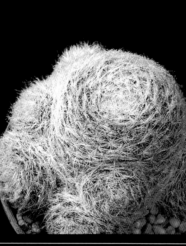

마밀라리아 스피노사
Mammillaria spinosa

차아환(嵯峨丸) 또는 마밀라리아 보부르넨시스
Mammillaria voburnensis

마밀라리아 제일마니아나
Mammillaria zeilmanniana

운각(云閣)속

Marginatocereu

마르기나토케레우스속

———

★상제각속에 통합

속의 이름은 각(角)이 있는 기둥이라는 뜻으로 지어졌으며 백운각(白雲閣, *Marginatocereus marginatus*) 1종으로만 이루어져 있다. 현재는 상제각(上帝閣, *Pachycereus*)속으로 통합되었다.

일반적인 형태

대형 선인장으로 줄기는 두툼하며 성장하면 3~5m 정도의 높이까지 자란다. 녹색을 띤 표피에는 윤기가 나며 흰 목걸이 체인을 가장자리에 두른 것 같은 능선의 모습이 인상적이다. 능선 위에는 짧은 가시가 드문드문 있다. 흰색 또는 분홍색이 도는 작은 꽃이 피고 열매는 작은 가시로 덮여있다. 강한 빛에도 잘 견디고 재배도 쉬워서 현지에서는 울타리용으로 자주 심어진다. 패각충에 침식당하기 쉬운 약점이 있다.

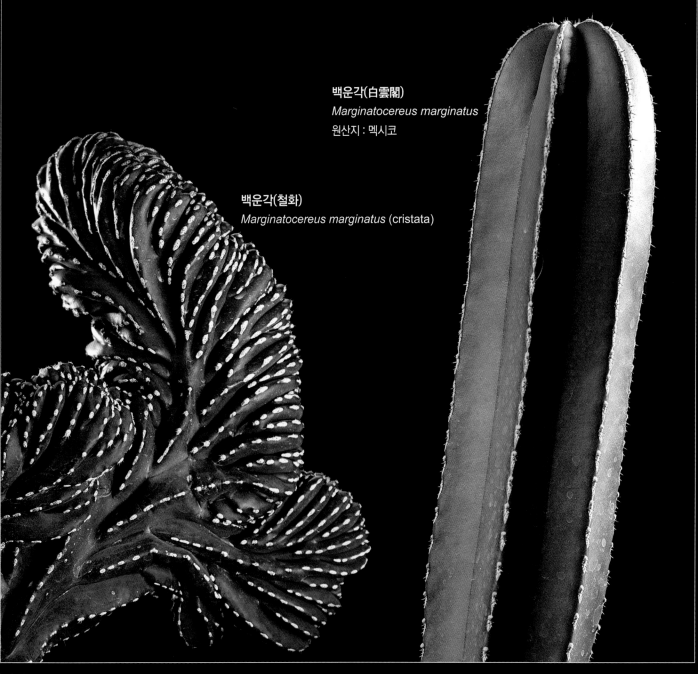

백운각(白雲閣)
Marginatocereus marginatus
원산지 : 멕시코

백운각(철화)
Marginatocereus marginatus (cristata)

백선옥(白仙玉)속
Matucana
마투카나속

———

속의 이름은 선인장이 최초로 발견된 페루의 도시 마투카나의 이름에서 유래했다. 해발 280~4,200m 사이에 분포하며, 대략 19종이 존재한다. 꽃은 수분을 매개하는 새를 유인하기 위해 선명한 색을 띤다. 저지대의 재배지에서도 잘 자라며, 관화주(管花柱, *Cleistocacutus*)속, 단모환(短毛丸, *Echinopsis*)속, 로비비아(*Lobivia*)속, 오로야(*Oroya*)속 그리고 오레오케레우스(*Oreocereus*)속 등의 다른 속에 속한 선인장들과의 사이에서 이속 간 교배가 가능하다.

일반적인 형태
단두로 자라는 것도 있고, 군생으로 자라는 것도 있다. 결절은 둥그스름하다. 가시는 단자, 곧게 뻗은 긴 가시, 구체를 따라 난 굽은 가시 등, 여러 가지 형상이 존재한다. 꽃은 구체의 정수리에서 피며, 화통을 꽃자루처럼 길게 뻗는다. 꽃의 색깔은 분홍색, 노란색 등으로 다채롭다. 개화일수는 날씨에 따라 달라지기도 하지만, 대체로 2~3일이다.

미선옥(美仙玉)
Matucana aureiflora
원산지 : 페루

청남옥(青嵐玉)
Matucana forsmosa

백선옥(白仙玉)
Matucana haynei
원산지 : 페루

화선옥(華仙玉)
Matucana krahnii
원산지 : 페루

기선옥(奇仙玉)
Matucana madisoniorum
원산지 : 페루

기선옥(금)
Matucana madisoniorum (variegated)
원산지 : 페루

요선옥(妖仙玉)
Matucana paucicostata
원산지 : 페루

백람자(魄嵐紫) [금]
Matucana polzii (variegated)
원산지 : 페루

화좌환(花座丸)속
Melocactus
멜로칵투스속

———

속의 이름은 'Echinomelocactus'를 줄인 것이다. 야생에서는 서인도 제도, 멕시코를 포함한 중미지역과 남미대륙의 중부와 북부에 걸친 상당히 넓은 지역에 자생하고 있다. 15세기 말부터 유럽 대륙에 소개되어 재배되기 시작했다. 키우기 어렵지 않은 종이지만 꽃을 피우기까지는 꽤 긴 시간이 필요하다. 꽃은 낮에 피며, 수분을 매개하는 벌새를 유인한다.

일반적인 형태
외관이 가장 흥미로운 선인장들 중의 하나이다. 어려서는 평범한 모습으로 줄기는 구형이며, 단간으로 자란다. 평활한 표피에 다양한 색의 가시를 갖지만 구별이 쉽지 않다. 성숙해지면서 머리 부분에 두관(頭冠)을 형성하기 시작하는데, 이때부터는 몸체는 성장을 멈추고 오직 두관 만이 성장해서 거의 1m까지 자라나기도 한다. 가시자리의 덩어리 형태인 두관은 오렌지색인 꼭대기 부분을 제외하고는 흰색이거나 아니면 전체가 다 흰색이다. 이런 특이한 외관 때문에 서양에서는 '터키모자' 또는 '주교의 모자', 동양에서는 '구름선인장' 이라는 애칭으로도 불린다.

앵명운(鶯鳴雲) [금]
Melocactus azureus (variegated)

앵명운
Melocactus azureus
원산지 : 브라질

다른 종과는 명확히 다른 청자색의 줄기가 특징이다. 해발 450~750m 지역의 불과 몇 군데에서만 자생하는 희소종이며, 야생에서의 개체수도 감소하고 있다. 자가수분을 할 수 없고, 새와 곤충에게 수분을 의존하는 선인장이기 때문에 자생지 주변 환경의 보호는 필수적이다.

비운(飛雲) *Melocactus curvispinus*	비운(금) *Melocactus curvispinus* (variegated)	비운(철화 · 금) *Melocactus curvispinus* (cristata & variegated)

비운(철화) *Melocactus curvispinus* (cristata)	비운의 아종인 다우소니 *Melocactus curvispinus* subsp. *dawsonii* 원산지 : 멕시코	다우소니(철화) *Melocactus curvispinus* subsp. *dawsonii* (cristata)

예전에 이 그룹으로 소개된 종류들은 태국에서는 층운(層雲, *Melocactus amoenus*)으로 알려져 있었지만,
실제로는 비운(飛雲, *Melocactus curvispinus*)의 한 종류로 여겨지고 있다.

장창운(長槍雲)
Melocactus ernestii
원산지 : 브라질

이 종은 가운데 가시가 주변가시보다 몇 배나 더 크고 길다는 점에서 쉽게 식별된다. 백두운(白頭雲, *Melocactus albicephalus*)이라 불리는 종은 바로 이 장창운과 엄운(嚴雲, *Melocactus glaucescens*) 사이의 야생에서의 교배종이다.

멜로칵투스 롱기스피나
Melocactus longispinus

현재는 장창운으로 명칭이 변경되었다.

멜로칵투스 할로우위
Melocactus harlowii
원산지 : 쿠바

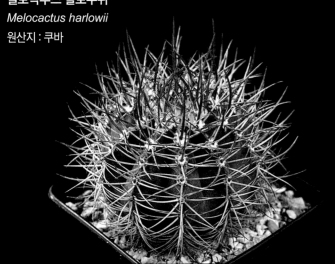

멜로칵투스 에바에
Melocactus evae

현재는 멜로칵투스 할로우위(*Melocactus harlowii*)로 명칭이 변경되었다.

멜로칵투스 아쿠나에
Melocactus acunae

현재는 멜로칵투스 할로우위(*Melocactus harlowii*)로 명칭이 변경되었다.

할로우위의 아종인 멜로칵투스 페레자소이
Melocactus harlowii subsp. *perezassoi*
원산지 : 쿠바

황금운(黃金雲)
Melocactus broadwayi
원산지 : 서인도제도

해운(海雲)
Melocactus concinnus
원산지 : 브라질

호운(豪雲)
Melocactus deinacanthus
원산지 : 브라질

멜로칵투스 페스카데렌시스
Melocactus pescaderensis
원산지 : 콜롬비아

채운(彩雲)
Melocactus intortus
원산지 : 도미니카공화국 및 푸에르토리코 지역,
카리브 해 제도

멜로칵투스 레마이레이
Melocactus lemairei
원산지 : 도미니카공화국

석영운(夕映雲)
Melocactus levitestatus
원산지 : 브라질

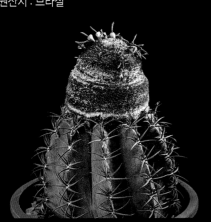

혁운(赫雲)
Melocactus macracanthos
원산지 : 카리브 해 큐라소 제도 남부

권운(卷雲)
Melocactus neryi
원산지 : 베네수엘라, 브라질, 수리남

주운(朱雲)
Melocactus matanzanus

쿠바가 원산지다. 몸체의 지름과 높이 모두 9cm
에 이르지 못할 정도로 가장 작은 멜로칵투스이
다. '난쟁이 터키모자' 라는 애칭으로도 불린다.
작은 꽃은 분홍색이고, 열매는 연한 분홍색이다.
원산지에서는 멸종위기에 처해 있다.

주운(금)
Melocactus matanzanus (variegated)

소자운(疏刺雲)
Melocactus paucispinus
원산지 : 브라질

청남운(靑嵐雲)
Melocactus pachyacanthus
원산지 : 브라질

취운(翠雲)
Melocactus violaceus
원산지 : 브라질

화운(華雲)
Melocactus peruvianus
원산지 : 에콰도르, 페루

화운(금)
Melocactus peruvianus (variegated)

화운(철화)
Melocactus peruvianus (cristata)

용신목(龍神木)속

Myrtillocactus
미르틸로칵투스속

속의 이름은 용신목의 열매가 빌베리(Bilberry)의 열매와 닮았다는 것에서 유래한다. 빌베리의 학명은 `Vaccinium myrtillus`인데 이 이름에서 `Myrtilus`를 가져다가 속의 이름으로 삼았다. 야생에서는 멕시코와 미국 캘리포니아 등지에서 흔히 발견되며 약 4종 정도가 알려져 있지만 용신목(*Myrtillocactus geometrizans*)이외에는 거의 재배되지 않는다.

일반적인 형태
다수의 가지를 만들어 커다란 촛대 모양의 나무형태로 자란다. 줄기에는 4~5개의 능이 있는데, 2~3cm 정도 크기의 중앙가시 1개와 0.2~1cm 정도의 작은 주변가시들이 평균적으로 5~8개 정도 생겨난다. 가시자리에서 다발로 개화하는 꽃은 크림색에 가까운 노란색 또는 황록색인데, 대부분이 낮에 피며 작지만 향기가 난다. 열매는 상당히 맛이 있어 원주민들에게 오랜 세월 동안 사랑받고 있는 종류라고 한다. 재배는 쉽지만 화분에 키워서는 꽃과 열매를 보기 어렵다.

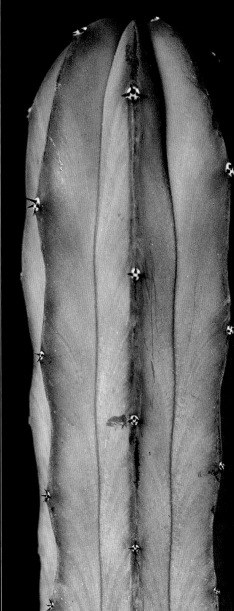

용신목(龍神木)
Myrtillocactus geometrizans
원산지 : 멕시코

줄기의 지름이 6~10cm, 최대 5m 정도의 크기까지도 자라는 대형 선인장이다. 표피는 푸른색을 띤다. 실생으로 키워서 꽃을 보려면 상당히 긴 세월을 필요로 한다. 소형의 과일은 둥글며 익으면서 진홍색으로 변한다. 단 맛이 나고, 현지에서도 사랑받는 종류이다. 접목용 대목으로도 많이 쓰이며, 강한 햇빛을 선호한다. 통상적으로는 꺾꽂이 또는 실생재배로 번식시킨다.

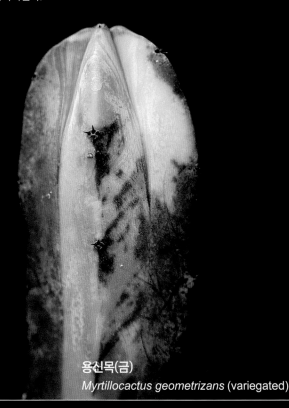

용신목(금)
Myrtillocactus geometrizans (variegated)

복록용신목(福祿龍神木)
Myrtillocactus geometrizans (monstrose)

일본에서 개발된 특이한 품종이다. 석화가 일어난 형태에 일본 민간 신의 이름인 '후쿠료쿠(Fukuroku)'를 붙였는데, 이는 '복록'의 일본식 발음이다.

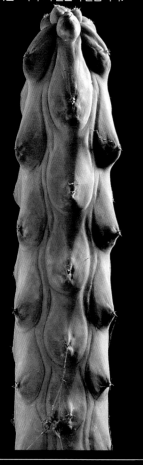

복록용신목(금)
Myrtillocactus geometrizans (variegated)

철화가 일어나고 금이 든 용신목
Myrtillocactus geometrizans
(cristata & variegated)

용신목(철화)
Myrtillocactus geometrizans (cristata)

용신목의 원예종인 '엘리트'(철화)
Myrtillocactus geometrizans 'Elite'

대봉룡(大鳳龍)속

Neobuxbaumia
네오북스바우미아속

———

속의 이름은 프란츠 북스바움(Franz Buxbaum)의 이름에, 북스바우미아(*Buxbaumia*)속과의 혼동을 피하기 위해 새롭다는 의미인 네오(Neo)를 덧붙인 것이다. 멕시코의 해발 50~2,000m 지역에 분포한다. 실생재배를 통한 번식이 선호된다.

일반적인 형태

높이 15m, 줄기 직경이 30cm 이상이나 되는 대형 선인장이며, 성장하면 분지한다. 능수는 36개 이상, 줄기의 색은 녹색 또는 청자색이다. 백색 또는 분홍색 꽃이 밤에 피며, 정수리에서 개화한다. 꽃잎은 꽃의 전체 크기에 비해 작다. 꽃 피는 시기는 대체로 더운 때다. 열매는 계란형이며, 속에는 검은색 또는 다갈색 종자가 들어있다.

용봉(勇鳳)
Neobuxbaumia euphorbioides
원산지 : 멕시코

대봉룡(大鳳龍)
Neobuxbaumia polylopha
원산지 : 멕시코

대봉룡(철화)
Neobuxbaumia polylopha (cristata)

299

제관(帝冠)속
Obregonia
오브레고니아속

___

속의 이름은 자생지인 멕시코의 전 대통령, 알바로 오브레곤(Álvaro Obregón)에게 경의를 표시하는 의미에서 지어졌다. 1종으로만 구성된 작은 속이다. 야생에서는 괴근을 형성한다. 연구에 의해 오우옥(烏羽玉)속과 마찬가지로 뿌리에 환각작용이 있는 알카로이드를 함유하고 있다는 것이 알려졌다. 관상용으로 널리 재배되고 있지만 자생지에서는 멸종위기 상태이다. 성장은 느리고 물 빠짐이 좋은 토양을 필요로 한다.

일반적인 형태
몸체는 두툼한 구형이다. 삼각형 모양인 결절을 꽃잎 모양으로 몇 장씩 겹쳐 쌓은 모습은 마치 유등행사에 사용하는 바구니처럼 보이기도 한다. 결절의 표면은 평활하지만 뒷면의 중앙에 곧은 능이 있고, 사마귀처럼 생긴 돌기부분의 끝에는 작은 가시가 나있다. 꽃은 꼭대기의 솜털에서 핀다. 꽃의 색은 흰색 또는 옅은 분홍색, 꽃술의 색은 선황색이다. 열매는 하얗고 긴 타원형이며, 속에는 작고 검은 종자가 들어있다. 자구를 만들지 않으며, 실생으로만 재배된다.

제관(帝冠)
Obregonia denegrii

제관(帝冠) [금]
Obregonia denegrii (variegated)

제관(석화)
Obregonia denegrii (monstrose)

제관(철화)
Obregonia denegrii (cristata)

제관(철화 · 금)
Obregonia denegrii (cristata & variegated)

단선(團扇)속
Opuntia
오푼티아속
———

속의 이름은 프랑스의 식물학자인 조세프 피통 드 투르느포르(Joseph Pitton de Tournefort)가 이 식물을 발견했던 그리스의 유서 깊은 도시인 오푸스(Opus)의 이름을 따서 지었다. 이 속 선인장들의 분포 지역은 세계적으로 매우 광범위하며 그 종류도 100종을 넘을 정도로 다양하다. 우리나라에서는 이 속을 통칭해 '부채선인장'이라 부르며, 제주도에서 자생하는 것을 백년초(*Opuntia ficus-indica*)라고 하고, 내한성이 매우 강해 내륙에서도 월동이 가능한 종류를 천년초(*Opuntia humifusa*)라고 부르고 있다.

부채선인장들의 분포 지역이 확대되는 과정에서 인간도 큰 역할을 했으며, 콜럼버스에 의한 신대륙 탐험은 이 선인장들이 유럽대륙, 더 나아가서는 아시아 지역까지도 확산되는 것에 일정부분 기여했다. 강한 햇빛을 선호하고 강건하다는 점에서 어느 대륙에서든 생존과 적응이 가능한 선인장이며, 꺾꽂이와 실생재배를 통한 번식도 쉽다. 또한 인간에 의해 9,000~12,000년 이전부터 식용으로 이용되고 있었던 기록도 남아 있다. 열매를 직접 먹거나 잼이나 젤리 등의 가공식품으로 만들어지는 것은 대개 백년초나 오푼티아 파에아칸타(*Opuntia phaeacantha*)이며, 지속적인 품종개량이 이루어지고 있다. 그 외에도 부채선인장의 줄기는 가축의 사료나 미용의 재료로도 사용되며, 멕시코에서는 알코올음료의 원료로 사용하고 있다.

일반적인 형태
줄기는 대체로 편평한 타원형 또는 둥근 형태이며, 그것이 이어지는 형상이다. 가시는 다양한 형태가 존재한다. 커다란 꽃은 흰색, 노란색 또는 빨간색이며 가시자리에서 핀다. 씨방은 크며, 작은 가시로 덮여있다. 열매는 둥글거나 서양배의 형태이며, 익으면 분홍색이나 붉은색으로 변한다. 속에는 부드러운 과육과 많은 종자들이 들어있다.

오푼티아 아시쿨라타
Opuntia aciculata
원산지 : 미국 서남부에서 멕시코 서북부까지

종의 이름은 잎 위의 작은 다발 모양인 가시의 형태에서 기원한다. 짧은 가시다발이 몸 전체에 흩어져있다. 열매는 서양배의 모양이며 익으면서 빨갛게 변한다.

무장야(武藏野)
Opuntia articulata
원산지 : 아르헨티나

송구단선(松毬團扇)
Opuntia articulata var. *inermis*

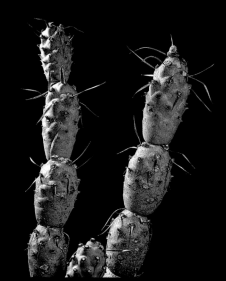

갈라파고스 단선(團扇)
Opuntia galapageia

갈라파고스 제도에서만 나는 희귀한 부채선인장으로, '갈라파고스부채선인장'으로 불린다. 찰스 다윈에 의해 발견되어 표본이 채집되었다. 건조한 숲에서 자라며 수 미터의 높이까지 자라 커다란 형태를 이룬다. 잎은 야생의 거북이와 이구아나, 여러 종류의 새들의 먹이가 되지만, 현지 주민들이 방목하는 염소와 당나귀들이 마구 먹어치워서 현재 멸종위기종으로 보호받고 있다.

백년초(白年草)의 변이종 '아이풀'
Opuntia ficus-indica `Eyeful`

바실라리스의 변이종 '미니 리타'
Opuntia basilaris `Mini Rita`

오푼티아 바실라리스, 일명 비버꼬리선인장
Opuntia basilaris
원산지 : 미국 서남부에서 멕시코 서북부까지

금이 든 형태의 부채선인장
Opuntia sp. (variegated)

백년초의 변이종 '레티쿨라타'
Opuntia ficus-indica `Reticulata`

가끔 오푼티아 제브리나(*Opuntia zebrina*)와 혼동된다.

금오모자(金烏帽子)

Opuntia microdasys

원산지 : 멕시코 북부 및 중부

노란색의 가시는 작지만 몸에 닿으면 점점 따끔거리며 아프기 때문에 주의가 필요하다.

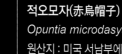

적오모자(赤烏帽子)

Opuntia microdasys subsp. *rufida*

원산지 : 미국 서남부에서 멕시코 서북부까지

작고 갈색이 섞인 적색의 가시가 털 뭉치 모양으로 나 있는 모습에서 종의 이름이 지어졌다. 입수와 재배가 쉽고, 성장도 빠르다.

'콘토르타'

Opuntia microdasys 'Contorta'

줄기의 폭이 넓은 금오모자의 변이종이다. 오푼티아 미크로다시스 팔리다 운두라(*Opuntia microdasys* var. *pallida undulaa*), 오푼티아 미크로다시스 팔리다 (*Opuntia microdasys* var. *pallida*) 등 다양한 학명으로 유통된다.

오푼티아 마크로켄트라, 일명 검정가시부채선인장
Opuntia macrocentra
원산지 : 미국 서남부에서 멕시코 서북부까지

오푼티아 산타리타
Opuntia santa-rita
원산지 : 미국 서남부에서 멕시코 서북부까지

금무선의 변이종 '마베릭'
Opuntia tuna 'Maverick'

금무선(金武扇)
Opuntia tuna
원산지 : 도미니카공화국에서 자메이카 지역 카리브 해 제도까지

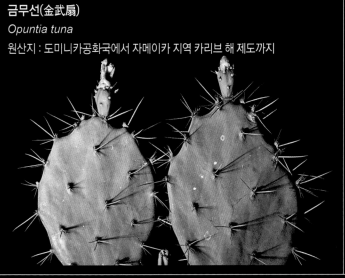

천년초(千年草)와 오푼티아 프라길리스와의 교배종
Opuntia humifusa X Opuntia fraglis

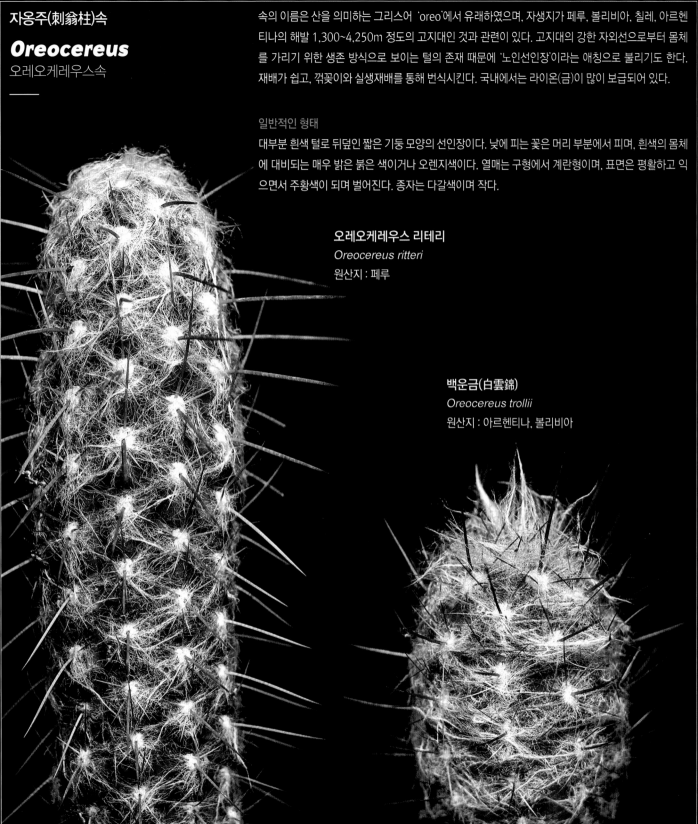

자옹주(刺翁柱)속
Oreocereus
오레오케레우스속

속의 이름은 산을 의미하는 그리스어 'oreo'에서 유래하였으며, 자생지가 페루, 볼리비아, 칠레, 아르헨티나의 해발 1,300~4,250m 정도의 고지대인 것과 관련이 있다. 고지대의 강한 자외선으로부터 몸체를 가리기 위한 생존 방식으로 보이는 털의 존재 때문에 '노인선인장'이라는 애칭으로 불리기도 한다. 재배가 쉽고, 꺾꽂이와 실생재배를 통해 번식시킨다. 국내에서는 라이온(금)이 많이 보급되어 있다.

일반적인 형태
대부분 흰색 털로 뒤덮인 짧은 기둥 모양의 선인장이다. 낮에 피는 꽃은 머리 부분에서 피며, 흰색의 몸체에 대비되는 매우 밝은 붉은 색이거나 오렌지색이다. 열매는 구형에서 계란형이며, 표면은 평활하고 익으면서 주황색이 되며 벌어진다. 종자는 다갈색이며 작다.

오레오케레우스 리테리
Oreocereus ritteri
원산지 : 페루

백운금(白雲錦)
Oreocereus trollii
원산지 : 아르헨티나, 볼리비아

염옥(髯玉)속
Oroya
오로야속

속의 이름은 최초로 발견된 곳인 페루 오로야 시의 이름에서 유래되었다. 페루 안데스 산맥의 해발 2,600~4,300m 지역에 자생하는 2~3종의 선인장들이다. 잘 보급되어 있지 않으며, 주로 실생재배로 번식한다.

일반적인 형태

낮은 구형 또는 짧은 원통형의 줄기를 갖고 있으며 자구를 생산하지 않고 단간으로 자란다. 24~30개의 능과 뚜렷하게 돌기모양으로 융기한 결절, 밝은 황색 또는 붉은 기가 도는 갈색의 가늘고 빽빽한 가시를 갖는다. 정수리는 약간 함몰되어 있으며, 털로 덮인 그 정수리 가시자리에서 분홍색 또는 노란색의 작은 꽃을 피운다. 열매는 작고 둥글다.

채염옥(彩髯玉)
Oroya peruviana

한자어로 된 이름에서 염(髯)은 구레나룻 수염을 의미한다. 썩 어울리는 작명법은 아닌 듯 하지만 이 선인장의 관상 포인트가 가시임을 드러내주는 이름이라고 하겠다.

제왕룡(帝王龍)속

Ortegocactus

오르테고칵투스속

속의 이름은 이 속을 발견한 프란시스코 오르테가 (Francisco Ortega)에게 경의를 표하기 위해 지어졌다. 1속 1종인 선인장이다. 멕시코 오아하카 (Oaxaca) 주의 해발 1,600~2,500m 산의 경사면에 자생하지만, 저지대의 재배환경에도 잘 적응한다. 성장이 느리고, 햇빛과 통기성이 좋은 토양을 선호한다. 흙에 습기가 많거나 뭉쳐 굳어진 상태가 되면 뿌리가 썩거나, 몸체가 썩는 일이 자주 있다. 연구에 의해, 마밀라리아(*Mammillaria*)속과 유사한 형태를 띠는 식물임이 알려졌다.

일반적인 형태

어려서는 단구이지만, 성장하면 군생한다. 볼록하게 부푼 결절과 곧은 가시를 가진다. 새로 난 가시는 검은 빛을 띤 적색이지만 오래 되면 새까맣게 되거나, 끝 부분 만이 검은색인 흰색 가시로 변한다. 줄기의 색은 청회색이다. 며칠 동안 정점 근처에서 선황색의 큰 꽃을 피운다.

제왕룡(帝王龍)
Ortegocactus macdougallii

상제각(上帝閣)속

Pachycereus

파키케레우스속

———

- 토인즐주(마천주)
- 무륜주
- 백운각
- 상제각
- 무위주
- 복녹수(상제각 철화)

속의 이름은 두껍다는 뜻의 그리스어인 `pachys`에서 유래한 것으로, 굵은 촛대형태의 몸체를 묘사하는 것이다. 계관주(*Lophocereus*)속, 운각(*Marginatocereus*)속 등이 이 속으로 편입되었다. 토인즐주(土人櫛柱) 혹은 마천주(魔天柱), 무륜주(武倫柱). 백운각(白雲閣) 등이 보급된 종류이다.

일반적인 형태

최대 25m 높이까지도 자라는 대형 선인장이다. 능수는 7~17개이며, 줄기의 색은 녹색 또는 청자색이다. 단간으로 자라지만, 성장하면 분지하여 가지의 수가 100개 이상이 되는 종도 존재한다. 작은 종 모양의 꽃은 밤에 피며, 정점 근처에서 개화한다. 꽃의 색은 흰색 또는 분홍색이다.

토인즐주(土人櫛柱) 혹은 마천주(魔天柱)의 철화
Pachycereus pecten-aboriginum (cristata)

금수옥(金繡玉)속
Parodia
파로디아속

———

속의 이름은 선인장 연구에 도움을 준 약사 파로디(Domingo Parodi)를 기념하기 위해 지어졌다. 남미 대륙의 동부지역에서 주로 자생하는데, 대략 50여 종을 포함한다. 크기가 작고 재배가 쉬우며, 몸체와 가시가 아름답고 꽃을 쉽게 피워 많은 인기를 얻고 있는 선인장이다. 여전히 상당한 논란이 있지만, 노토칵투스(*Notocactus*), 에리오칵투스(*Eriocactus*)등에 속하는 선인장들을 포함해서 분류하고 있는 것이 지배적이다. 실생재배로 번식시킨다.

일반적인 형태
몸체는 구형이거나 짧은 원통형으로 대체로 단구로 자라지만 군생체를 형성하기도 한다. 요철이 뚜렷한 능을 가진다. 가시는 색상과 형태에서 여러 가지의 변화를 보인다. 컵 모양의 꽃은 털로 덮인 정수리의 가시자리에서 낮에 피어나는데, 대개는 오렌지색이거나 붉은색이지만 예외도 있다.

금수옥(金繡玉)
Parodia aureispina
원산지 : 볼리비아, 아르헨티나

백사자환(白獅子丸)
Parodia buiningii
원산지 : 브라질, 우루과이

백사자환(철화)
Parodia buiningii (cristata)

파로디아 코마라파나
Parodia comarapana
원산지 : 볼리비아 중부

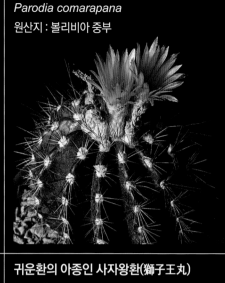

귀운환(鬼雲丸)
Parodia mammulosa

귀운환(금)
Parodia mammulosa (variegated)

귀운환의 아종인 사자왕환(獅子王丸)
Parodia mammulosa subsp.
submammulosus
원산지 : 우루과이, 아르헨티나

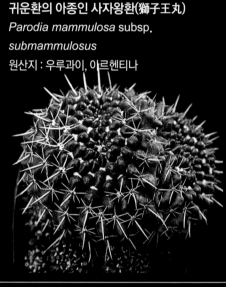

마신환(魔神丸)
Parodia maasii
원산지 : 볼리비아 남부에서 아르헨티나 북부까지

보옥(寶玉)의 아종인 호리다
Parodia microsperma subsp. *horrida*
원산지 : 아르헨티나

파로디아 뮐러-멜케르시
Parodia mueller-melchersii
원산지 : 브라질, 우루과이

금황환(金晃丸)

Parodia leninghausii

원산지 : 브라질 남부

종의 이름은 브라질의 식물품종 수집가인 길레모 레닝하우스(Guillermo Leninghaus)에게 경의를 표하는 의미에서 지어졌다. 야생에서는 벼랑의 급경사면에서만 자생하며, 추위와 더위가 심한 혹독한 환경에서도 잘 견디는 강건한 종이다. 가시는 노란색과 흰색이 있으며, 커다란 노란색의 꽃을 피운다. 형태가 아름답고 재배가 쉬워서 많이 보급된 종이다.

장자금황환(長刺金晃丸)
Parodial eninghausii ʽLongispinusʼ

백자금황환(白刺金晃丸)
Parodia leninghausii ʽAlbispinaʼ

금황환(금)
Parodia leninghausii (variegated)

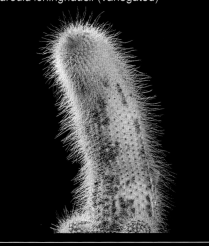

파로디아 웨르네리
Parodia werneri
원산지 : 브라질

단구이며, 표피는 평활하고 윤기가 난다. 구체에 붙어있는 것처럼 가시가 나있다. 태국에서는 노토칵투스 우에벨만니아누스(*Notocactus uebelmannianus*)라는 이름으로 나와 있으며, 선명한 분홍색의 꽃을 피운다. 꽃의 색이 노란색을 띠는 것은 노토칵투스 우에벨만니아누스 플라비플로라(*Notocactus uebelmannianus* forma *flaviflora*)라 불리는 희소종으로, 재배가 쉽지만, 야생멸종이 우려되는 상황이다.

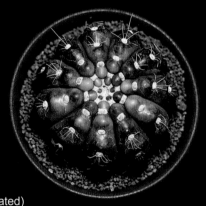

파로디아 웨르네리(금)
Parodia werneri (variegated)

파로디아 웨르네리 '이너미스'
Parodia werneri 'Inermis'

파로디아 홀스티
Parodia horstii
원산지 : 브라질 남부

종의 이름은 레오폴드(Leopold) 및 멜린다 홀스트(Melinda Horst)의 이름을 따서 지어졌다. 야생에서는 해발 200~800m 지역에 분포하지만, 자생지 파괴와 토사 붕괴의 영향으로 현재 야생종은 2,500개도 채 남아있지 않다. 선인장 업계에서는 여러 가지 형태의 선발이 이루어져, 짙은 분홍색의 꽃과 짧은 가시를 가진 푸르프레우스(forma *purpureus*)와 새하얀 가시자리와 구체를 푹 둘러싸는 털을 가진 무에게리아누스(forma *muegelianus*)등이 탄생했다.

성천환(聖天丸)
Parodia ocampoi
원산지 : 볼리비아 중부

청왕환(靑王丸)
Parodia ottonis
원산지 : 브라질 남부

청왕환의 변종인 '벤클루이아누스'
Parodia ottonis 'Vencluianus'

파로디아 상귀니플로라(철화) 혹은 적화 파로디아(철화)
Parodia sanguiniflora (cristata)

'상귀니플로라'는 붉은 꽃이라는 의미다.

금관(金冠)
Parodia schumanniana
원산지 : 파라과이 남부에서 아르헨티나 동북부까지

흑운룡(黑雲龍)
Parodia subterranea
원산지 : 볼리비아

영관옥(英冠玉) 또는 마그니피카
Parodia magnifica
원산지 : 브라질 남부

석화가 발생한 파로디아 교배종
Parodia sp. (monstrose)

철화가 일어난 파로디아 교배종
Parodia sp. (cristata)

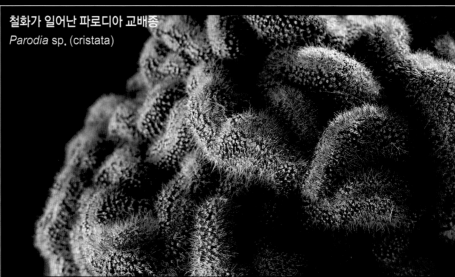

파로디아 투레케키아나
Parodia turecekiana
원산지 : 아르헨티나, 우루과이, 브라질

소정(小町) 또는 파로디아 스코파
Parodia scopa
원산지 : 브라질 남부

소정의 교배종
Parodia scopa hybrid

소정(석화)
Parodia scopa (monstrose)

월화옥(月貨玉)속

Pediocactus

페디오칵투스속

———

속의 이름은 이 선인장들이 발견된 미국의 대평원을 기념하기 위해, 평원을 의미하는 그리스어인 'pedion'과 선인장을 합성해서 지어졌다. 멕시코보다 북쪽에서 자생하는 소수의 선인장 종류 중의 하나이며, 야생에서는 돌과 돌 사이의 틈에서 극심한 일교차를 견디며 살고 있다. 총 9종 정도 존재하며, 일부 종은 멸종위기에 처해 국제간 거래가 규제되고 있기도 하다. 월화옥(*Pediocactus simpsonii*)은 특히 내한성이 강해서 영하 30도 이하에서도 생존하는 것으로 알려져 있다. 재배는 쉽지 않다.

일반적인 형태

소형 선인장이다. 단간으로 자라는 것도, 군생하는 것도 있다. 빽빽하게 돋은 가시는 크기와 색 모두 다양성이 풍부하다. 꽃은 정점 근처에서 무리지어 피며, 노란색, 흰색, 분홍색 등의 다양한 색이 있다. 열매는 구형이며, 익으면 속의 검은 종자가 비쳐 보인다.

설윤전(雪輪殿)
Pediocactus knowltonii

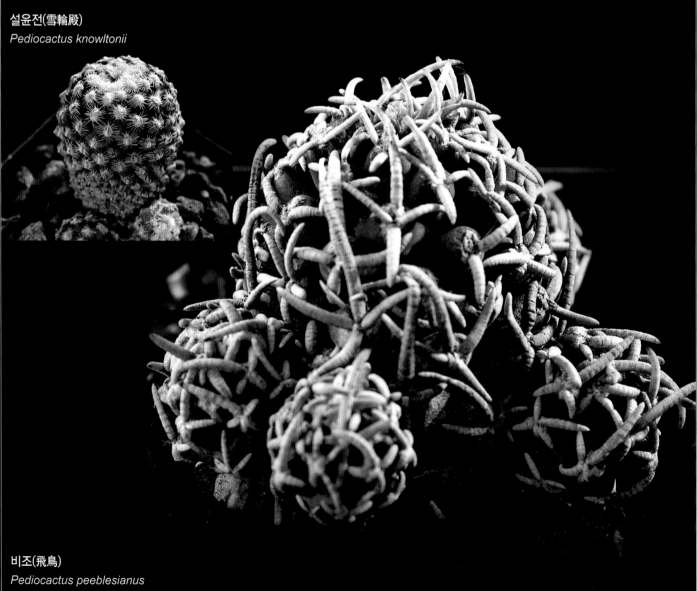

비조(飛鳥)
Pediocactus peeblesianus

정교환(精巧丸)속

Pelecyphora

펠레키포라속

———

속의 이름은 도끼를 뜻하는 'pelekys'와 소유자를 뜻하는 'phoros'라는 두 가지 그리스어에서 유래되었으며, 도끼와 비슷한 형상을 띤 가시자리를 비유한 것이다. 1839년, 칼 에렌베르크(Carl Ehrenberg)에 의해 소개되었으며, 1843년에 식물학적 형태해설이 이루어졌다. 당초에는 1속 1종이었지만, 대략 100년 후에 두 번째 종이 발견되었다. 발견 장소는 밝혀지지 않았지만 곧바로 시장에 나오게 되었기 때문에 자생지가 정해졌고, 멕시코가 원산지인 것으로 판명되었다. 해발 1,600~2,200m 지역의 자갈투성이 지표면에 자생하며, 4월~7월에 걸친 시기에 꽃을 피운다.

일반적인 형태

소형 선인장이다. 단간인 것도 있고, 군생하는 것도 있으며, 구체의 일부만을 지표로 내놓는다. 결절은 능 모양으로 융기한 것, 삼각형 모양으로 자라난 것이 있다. 가시는 작다. 표피는 흰 털로 덮여있다. 꽃은 선명한 분홍색이며, 정점에서 개화한다. 열매는 작고, 갈색을 띤다.

송구옥(松毬玉)

Pelecyphora strobiliformis

'솔방울 선인장'으로도 불린다.

정교환(精巧丸)

Pelecyphora aselliformis

원산지 : 멕시코

정교환속 선인장 중에서 최초로 발견된 종이다. 해발 1,000m 이상의 산기슭에 종종 자생하지만, 가장 큰 자생지에 도로가 건설된 이후, 야생 개체수는 얼마 남지 않게 되었다. 현지 주민들은 알카로이드가 함유된 이 종의 줄기를 해열제와 관절염 진통제로 이용하고 있다. 예전에는 이 선인장을 돌보는 올바른 방법이 알려져 있지 않았기 때문인지, 오래된 전문서에는 재배가 어려운 선인장으로 여겨졌지만, 현재 재배가들은 이 식물을 능숙하게 키우고 있다.

송구옥(松毬玉) [철화]

Pelecyphora strobiliformis (cristata)

정교환(철화)

Pelecyphora aselliformis (cristata)

320

괴근주(塊根柱)속
Peniocereus
페니오케레우스속

―

속의 이름은 무명실을 뜻하는 그리스어인 'penios'에서 온 것이며, 마른 나뭇가지처럼 홀쭉한 선인장임을 나타내고 있다. 이 속의 분포지역은 북미대륙 북부와 중부이며, 해발 1,500m 지역의 석회암질 흙과 모래가 섞인 토지에 자생한다.

일반적인 형태

줄기는 최대 4m 정도의 크기까지도 자라지만 야생에서는 관목들 사이에서 땅을 기듯이 성장하기 때문에 잘 눈에 띄지는 않고, 마치 죽은 나무의 가지처럼 보인다. 땅 속에 양분을 저장하는 괴근을 형성하며 종에 따라서는 상당한 크기에 이른다. 가시는 작고 짧다. 의외로 화려한 꽃은 가시로 덮인 정수리 부분에서 피며, 색은 다양하다. 열매는 계란형이며, 종자는 검은색이다.

페니오케레우스 그렉기
Peniocereus greggii
원산지 : 미국, 멕시코

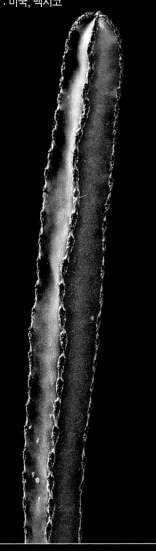

해괴근주(海塊根柱)
Peniocereus marianus
원산지 : 멕시코

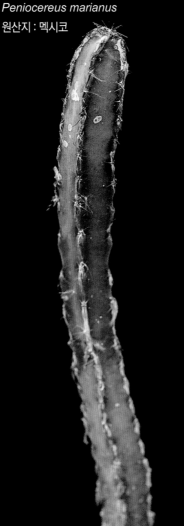

독사(毒蛇)
Peniocereus viperinus
원산지 : 멕시코

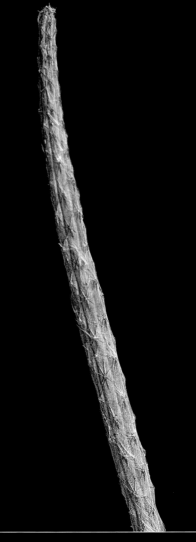

기린(麒麟)속
Pereskia
페레스키아속

———

이 속은 일반적인 식물에서 잎이 없는 식물로 진화하는 일부분을 보여주는 원시적인 선인장이다. 속의 이름은 프랑스의 식물학자인 니콜라클로드 파브리 드 페레스크(Nicholas-Claude Fabri de Pieresc)에게 경의를 표하며 지어졌다. 야생에서는 멕시코 남부에서부터 카리브 해 제도까지의 해발 2,180m 지역에 널리 보인다. 대략 17종이 존재한다.

일반적인 형태

중·대형의 관목이다. 높이는 8m 정도 된다. 줄기는 둥글며, 날카로운 가시가 붙어있고, 분지한다. 잎은 가느다란 타원형 또는 창의 날 같은 형상이다. 꽃은 한 송이가 피는 것과 다발로 피는 것이 있다. 꽃의 색은 흰색, 분홍색, 주황색 등이다. 열매는 구형 또는 원추형이며, 익으면 빨간색 또는 주황색이 된다.

월장미(月薔薇)
Pereskia bleo
원산지 : 파나마, 콜롬비아

2~8m의 관목이다. 다른 종과는 매우 다른 형태의 선인장이며, 줄기에는 검고 날카로운 가시다발이 있다. 꽃은 붉은색이고, 열매는 타원형이다. 강한 햇빛을 좋아하며, 일반 식물에 준해서 물을 주어도 된다.

만기린(蔓麒麟) [금]
Pereskia aculeata (variegated)

홍매기린(紅梅麒麟)
Pereskia diaz-romeroana
원산지 : 볼리비아

대엽기린(大葉麒麟)
Pereskia grandiflora
원산지 : 브라질

월정(月精)
Pereskia zinniiflora
원산지 : 쿠바 남부 및 서남부

기린단선(麒麟團扇)속

Pereskiopsis

페레스키옵시스속

속의 이름은 'pereskia'와 'opsis'라는 두 가지 그리스어에서 유래되었으며, 기린속과 비슷하다는 의미이다. 과테말라와 멕시코의 해발 0~2,100m 지역에 자생한다. 대체로 소형 접가지와의 접목용 대목으로써 재배된다. 재배와 번식도 쉽고, 물과 강한 햇빛을 좋아한다. 꺾꽂이로 번식시킨다.

일반적인 형태

중형 관목이며 높이는 1~5m 정도가 된다. 잎은 가늘고 긴 타원형 또는 편평한 원형이며, 짙은 녹색이다. 전방을 똑바로 가리키는 작은 가시가 있으며, 대부분 가시는 1개지만, 최대 4개의 가시를 가지는 종도 존재한다. 짧은 깔때기 모양의 꽃이 낮에 피며, 가시자리에서 개화한다. 꽃의 색은 빨간색, 주황색, 노란색, 분홍색 등 다채롭다. 열매는 과육이 풍부하고, 익으면 노란색~적색이 된다.

대형기린단선(大型麒麟團扇)
Pereskiopsis diguetii
원산지 : 멕시코

모주(毛柱)속

Pilosocereus
필로소케레우스속

———

속의 이름은 정수리의 솜털을 표현한 라틴어에서 온 것이다. 멕시코, 카리브 해 제도에서부터 남미대륙까지의 해발 0~1,900m 지역에 자생하며, 50종이 존재한다. 강한 햇빛을 좋아하며, 실생재배와 꺾꽂이로 번식시킨다.

일반적인 형태

대형 선인장이다. 높이는 10m에 달하며, 분지한다. 능수는 6~12개이며, 가시의 색은 노란색 또는 붉은 갈색이다. 정수리 근처의 줄기 상부에서 흰색 또는 자주색이 섞인 분홍의 종 모양의 꽃을 피운다. 열매는 구형이며, 익으면 짙은 자주색이 된다. 속에는 작고 검은 종자가 많이 들어있다.

금청각(金靑閣)
Pilosocereus pachycladus
원산지 : 브라질

금청각(금)
Pilosocereus pachycladus (variegated)

금청각(철화)
Pilosocereus pachycladus (cristata)

매지(梅枝)속
Pseudorhipsalis
프세우도립살리스속

———

속의 이름은 가짜라는 뜻의 `pseudo`에서 온 것이며, 립살리스(*Rhipsalis*)속 선인장과 매우 닮은 형태임을 나타내고 있다. 착생식물이며, 야생에서는 수목과 바위 위에 들러붙어 생활한다. 대략 6종이 존재하고, 매달아두는 관상식물로써 일반에서 널리 재배되고 있다. 꺾꽂이와 실생재배를 통해 번식시킨다. 약한 빛과 물을 좋아한다.

일반적인 형태

아랫부분은 둥근 막대 모양이다. 상부는 잎처럼 편평하고 긴 형상이며, 가장자리에 들쑥날쑥하게 잘록한 부분이 있다. 처음에는 새싹이 위를 향해 자라지만, 잎의 수와 길이가 늘어남에 따라 그 무게로 인해 점점 아래로 늘어진다. 가시는 없다. 작은 꽃은 낮에 피며, 줄기의 가장자리에서 개화한다.

프세우도립살리스 아마조니카
Pseudorhipsalis amazonica
원산지 : 니카라과, 코스타리카, 파나마, 베네수엘라, 콜롬비아, 에콰도르, 페루, 브라질

예전에는 위티아(*Wittia*)속이었지만, 이 속명은 폐지되고 매지속으로 편입되었다. 립살리스나 매달아 두는 화분으로 만든 다른 식물과 함께 판매되고 있는 경우가 많다. 재배가 쉽고, 저지대의 재배지에서도 꽃을 피운다. 1년에 한 번, 추운 시기에 향기를 내뿜지 않는 꽃을 며칠 동안 계속 피운다.

매지(梅枝) 또는 프세우도립살리스 라물로사
Pseudorhipsalis ramulosa

원산지 : 멕시코, 벨리즈, 과테말라, 온두라스, 니
카라과, 코스타리카, 자메이카, 아이티,
베네수엘라, 콜롬비아, 에콰도르, 페루,
브라질, 볼리비아

상당히 넓은 지역에 분포하는 종이다. 페루와 에콰
도르에 특히 많이 보이며, 우림의 큰 나무에 착생하
여 생활한다. 강한 햇볕을 쬐면 선명한 적색이 되고,
건조함에도 잘 견디지만, 그늘지기 쉬운 환경에서
기르면 거무스름한 녹색으로 색이 변한다. 통상적
으로 꺾꽂이를 통해 번식시킨다.

라물로사의 아종인 자마이센시스
Pseudorhipsalis ramulosa subsp. *jamaicensis*

용단선(茸團扇)속
Pterocactus
프테로칵투스속

────

속의 이름은 날개를 뜻하는 그리스어인 `pteron`에서 유래되었으며, 종자가 얇은 날개 모양으로 둘러싸인 모습을 비유한 것이다. 야생에서는 아르헨티나 서부 및 남부의 해발 0~3,050m 지역에 자생하며, 대략 7종이 존재한다. 종자 번식을 하는 외에, 겨울이 되면 긴 가지를 흔들어 떨어뜨리고, 바람에 날려 이동한 그 가지가 다른 땅에 뿌리를 뻗어 새로운 그루가 되는 색다른 번식 방법을 취한다. 재배지에서도 줄기의 마디에서 떼어낸 가지를 동일하게 꺾꽂이할 수 있다.

일반적인 형태
땅 속에 양분을 저장하는 괴근을 가진다. 줄기는 긴 타원형 또는 짧은 원형이며, 작은 가시는 가시 다발이 되거나, 고르지 않게 퍼져서 표피를 덮고 있다. 가지의 끝부분에서 커다란 꽃이 핀다. 꽃의 색은 종별로 다르다.

프테로칵투스 아우스트랄리스
Pterocactus australis
원산지 : 아르헨티나 남부 파타고니아의 고지대

노황룡(怒黃龍)
Pterocactus hickenii
원산지 : 아르헨티나 남부 파타고니아의 고지대

흑룡(黑龍)
Pterocactus kuntzei
원산지 : 아르헨티나 남부 파타고니아의 고지대

Puna
푸나 속

★희무장야속에 통합

현재 이 속은 희무장야(*Maihueniopsis*)속으로 통합되어 분류된다. 원래의 속의 이름인 `puna`는 지명에서 유래한 것이며, 야생에서는 아르헨티나의 해발 2,000~4,500m 사이의 고지대에서 자생한다.

일반적인 형태
단구로 자라거나, 군생주가 되는 소형 선인장이다. 줄기의 형상은 구형인 것과 삼각형인 것 등 여러 가지가 있다. 꽃은 낮에 피는 종 모양이며, 정수리 근처의 혹겨드랑이에서 개화한다. 꽃의 색은 갈색이 섞인 노란색 또는 흰색이 섞인 분홍색이다. 열매는 구형이고, 작은 가시로 뒤덮여 있다.

푸나 서브테라네아
Puna subterranea
원산지 : 볼리비아, 아르헨티나

푸나 클라바리오이데스
Puna clavarioides
원산지 : 아르헨티나

종의 이름은 작은 막대모양의 줄기가 국수버섯(*Clavaria*)속에 속하는 버섯의 자실체(Fruting Body)를 닮았다는 점에서 유래한 것이다. `죽은 자의 손가락(Dead Man`s Finger)`과 `버섯부채선인장(Mushroom Opuntia)`과 같은 별명도 다 같은 이유 때문이다.

칠교주(七巧柱)속

Pygmaeocereus
피그마에오케레우스속

___

속의 이름은 1957년, 해리 존슨(Harry Johnson)과 커트 바케베르크(Curt Backeberg)에 의해 지어졌다. 난쟁이를 의미하는 라틴어인 'pygmaeus'에서 유래되었으며, 케레우스속과 비슷한 소형 선인장이다. 페루와 칠레에 분포하며, 총 3종류로 구성되어 있지만, 정보가 극히 적은 선인장이다. 하게오케레우스(*Haageocereus*)속으로 분류하는 전문서도 있다.

일반적인 형태

소형 선인장이다. 단간으로 자라기도 하며, 군생하기도 한다. 능수는 8~15개이며, 가시에는 다양한 형상이 존재한다. 밤에 흰색 꽃을 피운다. 열매는 구형 또는 서양배의 형태이며, 익으면 녹색이 도는 빨간색 또는 갈색이 된다.

칠교주(七巧柱)
Pygmaeocereus bieblii

이 종은 페루의 해발 600~1800m 정도의 지역에 분포하지만, 높은 온도가 되는 환경이라면 저지대에서도 재배가 가능하다. 관상식물로 인기가 높아서 재배를 목적으로 한 도굴이 끊이지 않기 때문에 야생멸종 위험에 처한 선인장이다.

자손환(子孫丸)속
Rebutia
레부티아속

———

속의 이름은 프랑스의 선인장 업자인 피에르 레부트(Pierre Rebut)의 이름을 따서 지어졌다. 이 속의 선인장들은 볼리비아와 아르헨티나 서북부의 해발 1,200~3,600m 지역에 분포하며, 바위의 틈에 자생한다. 대략 40종이 존재한다. 실생재배 또는 자구를 꺾꽂이하여 번식시킨다.

일반적인 형태
줄기는 구형이다. 단구로 자라는 것도 있는 반면, 군생하는 것도 있다. 가시는 작고 별로 단단하지 않으며, 대부분은 흰 색의 부드러운 털 같은 형태이며, 방사상으로 정렬되어있다. 꽃은 낮에 피고, 줄기 옆의 혹 겨드랑이에서 개화하며 분홍색, 흰색, 빨간색, 주황색 등 선명한 색을 띤다. 꽃받침조각의 아랫부분은 합착하여 작은 관 모양으로, 끝부분은 나뉘어져 깔때기 모양으로 되어있다. 열매는 구형이며, 익으면 빨갛게 색이 변한다. 속에는 작고 검은 종자가 들어있다.

레부티아 신티아(금)
Rebutia cintia (variegated)

레부티아 신티아
Rebutia cintia
원산지 : 볼리비아

레부티아 '카니발'
Rebutia `Carnival`

갈색 보산(寶山)
Rebutia fulviseta
원산지 : 볼리비아, 아르헨티나

홍보산(紅寶山)
Rebutia heliosa
원산지 : 볼리비아

금잠환(金簪丸)
Rebutia marsoneri
원산지 : 아르헨티나 북부

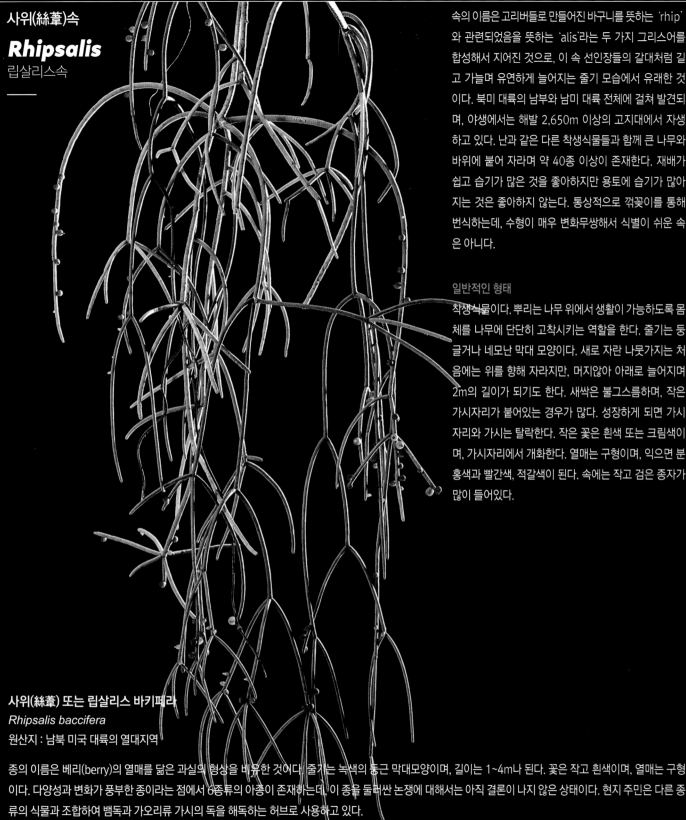

사위(絲葦)속
Rhipsalis
립살리스속

———

속의 이름은 고리버들로 만들어진 바구니를 뜻하는 `rhip` 와 관련되었음을 뜻하는 `alis`라는 두 가지 그리스어를 합성해서 지어진 것으로, 이 속 선인장들의 갈대처럼 길고 가늘며 유연하게 늘어지는 줄기 모습에서 유래한 것이다. 북미 대륙의 남부와 남미 대륙 전체에 걸쳐 발견되며, 야생에서는 해발 2,650m 이상의 고지대에서 자생하고 있다. 난과 같은 다른 착생식물들과 함께 큰 나무와 바위에 붙어 자라며 약 40종 이상이 존재한다. 재배가 쉽고 습기가 많은 것을 좋아하지만 용토에 습기가 많아지는 것은 좋아하지 않는다. 통상적으로 꺾꽂이를 통해 번식하는데, 수형이 매우 변화무쌍해서 식별이 쉬운 속은 아니다.

일반적인 형태

착생식물이다. 뿌리는 나무 위에서 생활이 가능하도록 몸체를 나무에 단단히 고착시키는 역할을 한다. 줄기는 둥글거나 네모난 막대 모양이다. 새로 자란 나뭇가지는 처음에는 위를 향해 자라지만, 머지않아 아래로 늘어지며 2m의 길이가 되기도 한다. 새싹은 불그스름하며, 작은 가시자리가 붙어있는 경우가 많다. 성장하게 되면 가시자리와 가시는 탈락한다. 작은 꽃은 흰색 또는 크림색이며, 가시자리에서 개화한다. 열매는 구형이며, 익으면 분홍색과 빨간색, 적갈색이 된다. 속에는 작고 검은 종자가 많이 들어있다.

사위(絲葦) 또는 립살리스 바키페라
Rhipsalis baccifera
원산지 : 남북 미국 대륙의 열대지역

종의 이름은 베리(berry)의 열매를 닮은 과실의 형상을 비유한 것이다. 줄기는 녹색의 둥근 막대모양이며, 길이는 1~4m나 된다. 꽃은 작고 흰색이며, 열매는 구형이다. 다양성과 변화가 풍부한 종이라는 점에서 6종류의 아종이 존재하는데, 이 종을 둘러싼 논쟁에 대해서는 아직 결론이 나지 않은 상태이다. 현지 주민은 다른 종류의 식물과 조합하여 뱀독과 가오리류 가시의 독을 해독하는 허브로 사용하고 있다.

* 사위는 '실같이 가는 갈대'라는 뜻이다.

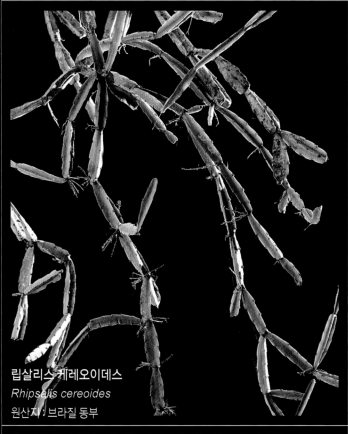

립살리스 케레오이데스
Rhipsalis cereoides
원산지 : 브라질 동부

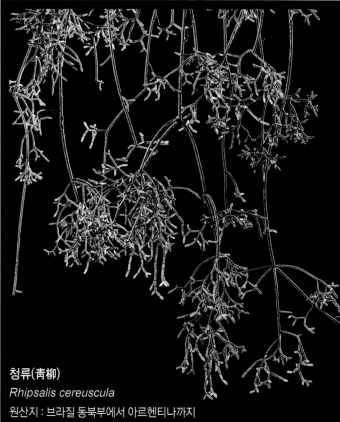

청류(靑柳)
Rhipsalis cereuscula
원산지 : 브라질 동북부에서 아르헨티나까지

원접(園蝶)
Rhipsalis goebeliana
원산지 : 볼리비아

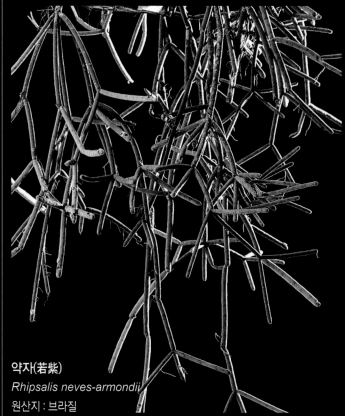

약자(若紫)
Rhipsalis neves-armondii
원산지 : 브라질

립살리스 클라바타
Rhipsalis clavata
원산지 : 브라질 동남부

여선위(女仙葦)
Rhipsalis mesembryanthemoides
원산지 : 브라질 동남부

동호(桐壺) 또는 립살리스 오브론가
Rhipsalis oblonga
원산지 : 브라질 동부

녹우위(綠羽葦) 또는 립살리스 엘립티카
Rhipsalis elliptica
원산지 : 브라질 동부

창매(窓梅) 또는 립살리스 크리스파타
Rhipsalis crispata
원산지 : 브라질 동남부

일본이나 중국의 식물관계자들에 의해 '매화'나 '갈대' 같은 이름이 해당 종에 붙여져 있지만 실제 식물과는 맞지 않는 모습이다. 학명에 해당하는 오브론가, 엘립티카, 크리스파타처럼 잎의 모양에 기초한 이름이 더욱 적합해 보인다.

립살리스 펜타프테라
Rhipsalis pentaptera
원산지 : 브라질 남부에서부터 우루과이

립살리스 카테눌라타
Rhipsalis pacheco-leonis subsp. *catenulata*
원산지 : 브라질

립살리스 플라티카르파
Rhipsalis platycarpa
원산지 : 브라질

춘우(春雨) 또는 립살리스 파키프테라
Rhipsalis pachyptera
원산지 : 브라질 동남부

립살리스 플라티카르파(금)
Rhipsalis platycarpa (variegated)

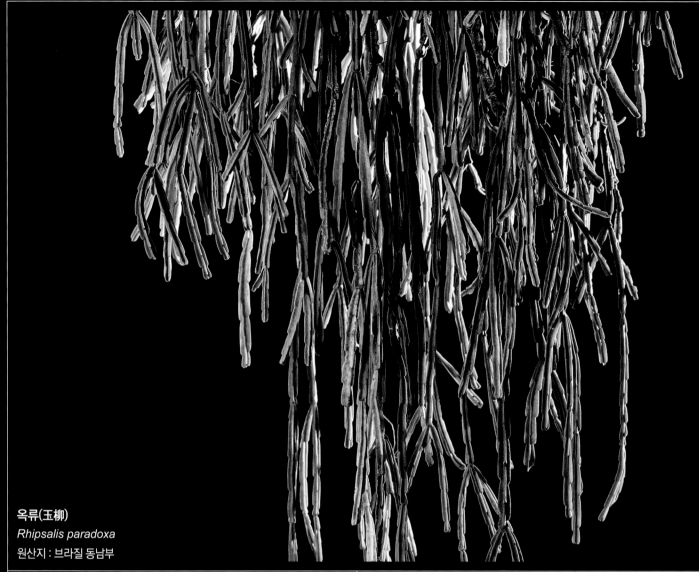

옥류(玉柳)
Rhipsalis paradoxa
원산지 : 브라질 동남부

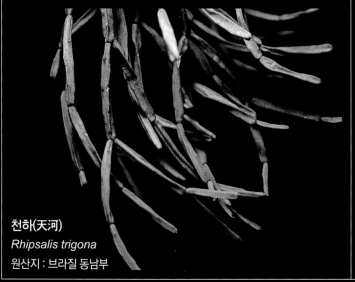

천하(天河)
Rhipsalis trigona
원산지 : 브라질 동남부

로무(露舞)
Rhipsalis micrantha
원산지 : 에콰도르에서부터 페루 북부

해조(蟹爪)속
Schlumbergera
슐룸베르게라속
———

속의 이름은 프랑스의 선인장 전문가인 프레데릭 슐룸베르제(Frederic Schlumberger)의 이름을 따서 지어졌다. 브라질 남부에 자생하는 희귀한 선인장이며, 7종 이상이 존재한다. 야생에서는 큰 나무나 바위에 착생하는 형태로 성장한다. 크리스마스 무렵에 꽃을 피우는 특성 때문에 인기 있는 식물 중의 하나이며 '크리스마스 선인장'이라는 애칭을 서양에서 얻게 된 이유도 거기에 있다. 크고 아름다운 꽃을 며칠간이나 계속 피운다. 현재는 보다 색채가 풍부하고 아름다운 교배종도 보급되고 있는데, 일반적으로는 접목을 통한 번식이 선호된다. 국내에서는 줄기의 모습 때문에 통상 '게발선인장'으로도 불린다.

일반적인 형태
줄기는 폭 1~4cm로 편평한 모양이며, 일렬로 이어진 줄기가 곡선을 그리며 아래로 늘어진다. 꽃은 기온이 낮은 시기에만 피며, 주황색, 흰색, 분홍색, 빨간색 등 다양한 색을 띤다. 열매는 구형이며, 열매의 표면에 분명한 능이 생긴다. 속에는 검은 종자가 들어있다.

게발선인장의 교배종(금)
Schlumbergera hybrid (variegated)

게발선인장의 교배종
Schlumbergera hybrid

백홍산(白紅山)속
Sclerocactus
스클레로칵투스속

———

속의 이름은 흉악함 또는 단단함을 뜻하는 그리스어인 'scleros'에서 유래되었으며, 이 속에 속하는 선인장들이 공통적으로 갖고 있는 갈고리 형태의 특징적인 중앙 가시의 모양에서 기인하는 것이다. 토우메야 (*Toumeya*)속이나 에키노마스투스(*Echinomastus*)속 등에 속한 선인장들이 모두 이 속으로 통폐합 되었지만 여전히 학자들 간에도 올바른 분류법에 대한 논쟁이 이어지고 있는 불안정한 속이기도 하다. 미국 서남부에서부터 멕시코 북부에 걸쳐 매우 다양한 자연환경에서 자생하고 있다. 인기가 있으나 재배가 매우 어려운 종류로 여겨지기도 한다.

일반적인 형태

단간으로 성장하며 몸체는 작은 구형 또는 원통형이다. 결절 형태의 능이 있으며 크고 구부러진 중앙 가시와 함께 나있는 가시들로 몸체 전체가 덮여있다. 꽃은 정수리 부분에서 피는데 색상은 다양하며 깔때기 모양이다. 열매는 페로칵투스(*Ferocactus*)속 선인장들과 매우 비슷하지만 표면에 작은 털 다발이 붙어있다는 점에서 차이가 있다.

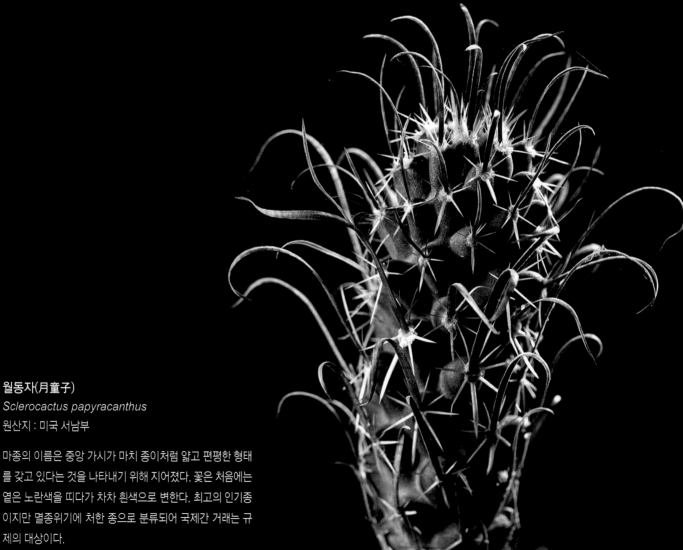

월동자(月童子)
Sclerocactus papyracanthus
원산지 : 미국 서남부

마종의 이름은 중앙 가시가 마치 종이처럼 얇고 편평한 형태를 갖고 있다는 것을 나타내기 위해 지어졌다. 꽃은 처음에는 옅은 노란색을 띠다가 차차 흰색으로 변한다. 최고의 인기종이지만 멸종위기에 처한 종으로 분류되어 국제간 거래는 규제의 대상이다.

사편주(蛇鞭柱)속

Selenicereus

세레니케레우스속

밤에만 꽃을 피우는 특징을 표현하기 위해 그리스 신화 속의 달의 여신인 'selene'의 이름을 따서 이름을 지었다. 야생에서는 멕시코와 카리브 해를 거쳐 남미대륙의 여러 곳을 걸치는 광범위한 지역에서 자생하고 있다. 대부분의 종은 우림의 큰 나무에 기대어 자라고 있지만 백족주(*Selenicereus wittii*) 1종만이 아마존 강의 물에 젖은 진흙탕 숲에 자생한다. *한자 이름 '사편주에서 편은 채찍을 의미한다. 서양 이름은 꽃이 피는 특성에서, 동양의 이름은 외부의 모양에서 기인하는 것이다.

일반적인 형태

줄기는 편평하거나 구형이며, 가로 방향으로 기어가듯이 자란다. 작은 가시가 나지만, 일부 종에는 가시가 없다. 순백색의 커다란 꽃을 밤에 피우며 향기를 풍긴다. 둥근 열매에는 가시가 조금 붙어있고, 속에는 작고 검은 종자가 들어있다.

백족주(白足柱)
Selenicereus wittii
원산지 : 브라질

영국의 저명한 식물화가인 마가렛 미(Margaret Mee)는 이 선인장을 찾아 아마존의 깊은 정글 속을 계속 헤맸다. 마침내 그것을 찾아낸 그녀는 달빛 아래에서 그림을 그렸다는 전설이 존재하는 선인장이다. 숲 속의 진흙탕에서 자라는 나무들에 착생해서 살기 때문에 줄기는 편평한 형태로 변해버렸고 그 가장자리에는 작은 가시가 나있다. 밤에 흰색 꽃이 핀다. 성장이 느리며, 통상적으로 꺾꽂이를 통해 번식시킨다.

343

대륜주(大輪柱)

Selenicereus grandiflorus

원산지 : 자메이카, 쿠바, 아이티, 도미니카, 온두라스, 과테말라, 멕시코, 벨리즈, 미국자메이카

'밤의 여왕(Queen of the Night)'으로 불리는 선인장 중 하나이며, 태국에서는 널리 보급되어 있다. 둥근 원통형의 줄기는 몇 미터나 기어가듯이 자란다. 흰색의 큰 꽃을 단 하룻밤 동안 피운다. 바닐라 같은 시원한 향이 있다. 재배가 쉽고, 물과 약한 빛을 좋아한다. 꺾꽂이와 실생재배를 통해 번식시킨다. 태국에서는 독나방과 같은 자교성(刺咬性) 생물의 독에 대한 해독제로 사용하며, 소유자의 몸을 지켜주는 '마력이 깃든 식물'이라는 믿음도 존재한다.

곤포공작(昆布孔雀)
Selenicereus chrysocardium
원산지 : 멕시코

어골(魚骨)
Selenicereus anthonyanus
원산지 : 멕시코

Setiechinopsis
세티에키놉시스 속

속의 이름은 짧고 억센 털을 의미하는 라틴어인 `seta`와 `Echinopsis`의 합성으로 단모환(*Echinopsis*)속과 흡사하지만 꽃자루에 작고 억센 털이 나있는 차이가 있는 의미로 지어진 것이다. 원래는 단모환속으로 분류되어 있었지만, 후에 분리되어 1종으로 구성된 속이 되었다. 아르헨티나가 자생지인 소형의 이 선인장은 꽃이 피는 모습이 특이해서 애호가들에 의해 재배되었다. 재배는 쉽지만 수명은 길지 않다.

일반적인 형태

몸체는 원통형이며 녹색이 도는 갈색을 띤다. 좀처럼 15cm를 넘지 않는 키가 작은 선인장이며 자구를 만들지 않고 단간으로 자란다. 흰색의 가시자리에는 곧게 뻗은 긴 중간 가시와 그 주위에 흩어진 작고 짧은 주변 가시들이 있다. 정수리 부근에서 은은한 향을 풍기는 하얀 꽃이 하룻밤 동안 피어나서는 다음날 아침이면 지고 말지만 한동안 계속 피고지기를 반복한다. 꽃잎은 작고 얇으며 홀쭉하다. 영어 이름인 `기도하는 꽃(Flower of prayer)`이 암시하듯 몸체의 크기에 비해 어색할 정도로 길고 가는 꽃자루 위에 밤사이 몇 시간 동안 피어나는 꽃 때문에 애호가들의 사랑을 받고 있는 선인장이다.

세티에키놉시스 미라빌리스
Setiechinopsis mirabilis

세티에키놉시스 미라빌리스(철화)
Setiechinopsis mirabilis (cristata)

근위(近衛)속
Stetsonia
스테트소니아속

———

속의 이름은 법률가이자, 뉴욕 식물원의 경영자이기도 했던 프란시스 린데 스테트슨(Francis Lynde Stetson)의 이름을 따서 지어졌다. 예전에는 케레우스(*Cereus*)속으로 분류되어 있었지만, 후에 분리되었다. 1속 1종인 선인장이다. 야생에서는 100~900m의 건조지역 산기슭에 자생하지만, 이보다도 해발고도가 높은 곳에서 볼 수 있는 경우도 있다. 날카로운 가시로 침입자를 막을 수 있기 때문에 살아있는 울타리로 심는 경우가 많다.

일반적인 형태

대형 선인장이다. 높이는 8m에 달하며, 100두 이상의 군생체를 이루기도 한다. 줄기는 두툼하며, 진한 녹색의 줄기 표면과 8~9개의 능, 길고 날카로운 가시를 가진다. 밤에 흰색 꽃이 핀다. 열매는 구형이며 녹색 또는 적색을 띠고, 작은 가시로 덮여있다. 식용으로 사용할 수 있다.

근위(近衛)
Stetsonia coryne
원산지 : 아르헨티나, 볼리비아, 파라과이

다릉옥(多稜玉)속
Stenocactus
스테노칵투스속

★일명: 뇌선인장

일부 전문서에서는 에키노포슬로칵투스(*Echinoposlocactus*)속으로 분류하고 있으며, 속명이 완전히 정해지지 않은 선인장이다. 물결치는 능의 형태 때문에 태국에서는 '뇌의 주름'이라는 애칭으로 불린다. 멕시코의 해발 2,800m 지역에 분포하고 지표면에 자생한다. 약 10종이 존재한다. 자구를 만들지 않는 선인장이며, 실생재배를 통한 번식이 선호된다.

일반적인 형태

소형 선인장이고, 대체로 단간으로 자란다. 구불구불한 곡선을 그리는 명료한 능과 갈색이 도는 노란색 또는 회색을 띠는 가시가 특징적이다. 큰 중앙 가시를 가진 종도 존재한다. 낮에 정수리 부근에서 작은 꽃을 피운다. 개화일수는 2~3일 정도이다.

설계환(雪溪丸)
Stenocactus albatus

용검환(龍劍丸)
Stenocactus coptonogonus

다른 종과 형태가 다른 스테노칵투스이다. 줄기는 단간이다. 능은 평활하고 직선적이며, 짧은 가시가 있다. 페로칵투스(*Ferocactus*)와 유사하다. 꽃은 흰색이지만, 꽃잎의 중앙에 분홍색 선이 들어간다. 가시자리에는 각각 3~5개의 가시가 나있다. 영하 10℃의 저온에도 견딜 수 있다.

용옥(龍玉) [금]
Stenocactus crispatus (variegated)

조문옥(潮紋玉)
Stenocactus dichroacanthus

대각옥(大角玉)
Stenocactus grandicornis

학봉용(鶴鳳龍)
Stenocactus tricuspidatus

다릉옥(多稜玉)
Stenocactus multicostatus

이 속에 속한 선인장 중에서 가장 개성적인 아름다움을 보유한 종으로, 능수는 최대 120개에 달한다. 각각의 능은 얇고, 물결 모양으로 빈틈없이 줄지어있다. 통상적인 개화시기는 4월이며, 꽃피는 계절이 되면 다른 종들보다 앞서 가장 먼저 꽃을 피운다. 실생에서 첫 개화까지는 4~5년이 걸린다.

축옥(縮玉)
Stenocactus multicostatus subsp. *zacatecasensis*

다릉옥의 아종이다.

용설옥(龍舌玉)
Stenocactus lamellosus

용설옥(금)
Stenocactus lamellosus (variegated)

진무옥(振武玉)
Stenocactus lloydii

현재는 '축옥'으로 명칭이 변경되었다.

엽자옥(葉刺玉)
Stenocactus phyllacanthus

다릉옥속의 아종 '팔밀라스'
Stenocactus sp. 'Palmillas'

다릉옥속의 아종(철화)
Stenocactus sp. (cristata)

신록주(新錄柱)속
Stenocereus
스테노케레우스속

———

속의 이름은 좁다는 의미의 그리스어인 'stenos'와 촛대를 의미하는 'cereus'의 합성으로, 이 속 선인장들의 폭이 좁은 능과 연관된 것이다. 미국의 남부에서부터 멕시코, 남미대륙의 북부에 이르는 넓은 지역의 다양한 환경에서 자생한다. 20종 이상이 존재하며 성장하면서 커다란 자구를 생산한다. 단단한 육질의 줄기를 갖고 있기 때문에 건설용 목재로 이용된다. 자생지에서는 일부 종이 허브의 배합성분으로도 활용되고 있다고 한다.

일반적인 형태
몸체가 큰 대형 선인장이며, 기둥처럼 곧게 자라 관목 또는 가지많은 나무형태로 성장한다. 높이는 약 15m 이상이나 된다. 줄기에는 분명하게 능이 있고 아랫부분에서 분지한다. 정수리 근처에서 커다란 꽃이 피어나서 대체로 밤부터 다음날 낮 동안에 걸쳐 개화한다. 열매는 구형 또는 계란형이며, 꽤 크기가 큰 검은 종자가 들어있다.

입록(入鹿) 또는 스테노케레우스 에루카
Stenocereus eruca
원산지 : 멕시코

1.5~2m 정도 길이의 몸체들이 제각기 땅을 기어가는 것 같은 모습으로 자라는 것에서 '기어가는 악령'이라는 별칭을 얻었다. 가운데 가시는 은백색으로 크고 편평한 모양인데, 대개 1개다. 연한 분홍색이 도는 흰색의 꽃이 핀다.

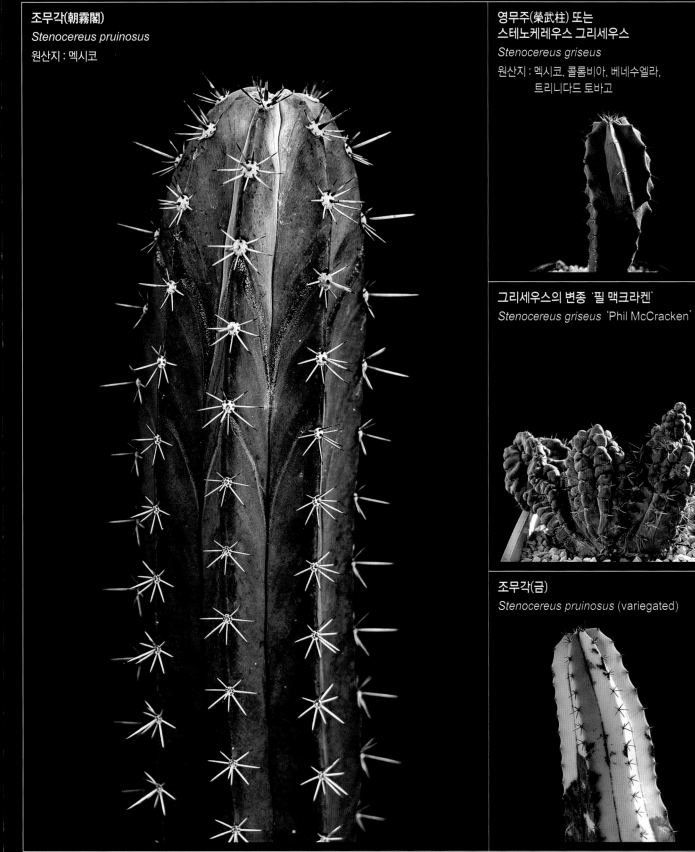

조무각(朝霧閣)
Stenocereus pruinosus
원산지 : 멕시코

영무주(榮武柱) 또는
스테노케레우스 그리세우스
Stenocereus griseus
원산지 : 멕시코, 콜롬비아, 베네수엘라,
트리니다드 토바고

그리세우스의 변종 '필 맥크라켄'
Stenocereus griseus 'Phil McCracken'

조무각(금)
Stenocereus pruinosus (variegated)

국수(菊水)속
Strombocactus
스트롬보칵투스속

─────

속의 이름은 상부에서 소용돌이친다는 뜻의 그리스어인 'strombos'에서 유래되었으며, 뚜렷하게 융기한 결절이 나선상으로 늘어선 모습을 나타내고 있다. 예전에는 마밀라리아(*Mammilaria*)속으로 분류되어 있었다. 야생에서는 해발 950~2,000m 벼랑의 급경사면에 자생한다. 멕시코에서만 드물게 나며, 2종으로만 구성된다.

일반적인 형태

회녹색의 몸체는 구형 또는 팽이 모양이다. 자구를 만들지 않는다. 돌기 모양의 결절은 나사처럼 소용돌이치는데 끝부분에 작은 가시가 나있다. 가시는 연한 회백색이지만 꼭대기에 난 가시만 색이 진하며, 가시자리에는 털이 듬성듬성 붙어있다. 정수리 부분에서 옅은 황색 또는 흰색의 꽃이 핀다. 열매는 타원형이고 익으면서 갈색에서 녹색으로 색이 변하면서 벌어진다. 작은 갈색 종자가 있다.

스트롬보칵투스 코레기도라에
Strombocactus corregidorae

국수(菊水)
Strombocactus disciformis

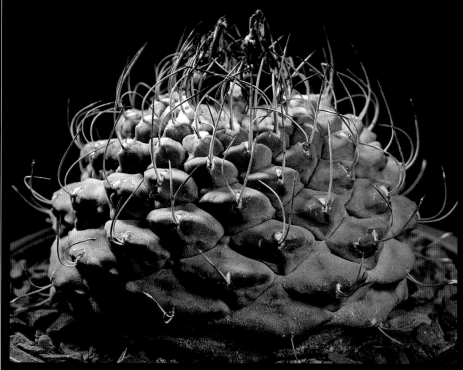

국수(금)
Strombocactus disciformis (variegated)

적화국수(赤花菊水)
Strombocactus disciformis subsp. *esperanzae*

붉은 꽃이 피는 국수의 아종이다.

국수(철화)
Strombocactus disciformis (cristata)

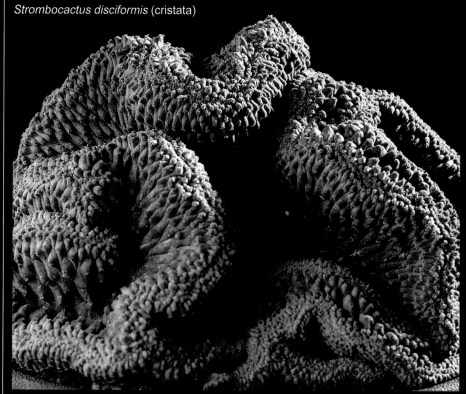

355

Sulcorebutia
술코레부티아속

─────

★레부티아속에 통합

속의 이름은 주름을 뜻하는 그리스어인 'sulcus'에서 유래되었으며, 주름 모양의 능을 가지는 레부티아 선인장이라는 의미이다. 현재는 레부티아(*Rebutia*)속에 통합되었다. 분포 지역은 볼리비아 및 아르헨티나이다. 통상적으로 접목과 꺾꽂이를 통해 번식시킨다.

일반적인 형태

소·중형 선인장이다. 줄기는 구형이며, 군생한다. 줄기의 색은 녹색 또는 자색이다. 깔때기 모양의 꽃은 노란색, 주황색, 분홍색 등의 화려한 색을 띠며, 혹 겨드랑이에서 개화한다. 열매는 타원형이며, 익으면 적색에서 다갈색으로 색이 변한다.

술코레부티아 아레나케아(금)
Sulcorebutia arenacea (variegated)

술코레부티아 아레나케아
Sulcorebutia arenacea
원산지 : 볼리비아

아레나케아와 타라부코엔시스 사이의 교배종
Sulcorebutia arenacea X
Sulcorebutia tarabucoensis

술코레부티아 카니구에랄리
Sulcorebutia canigueralii
원산지 : 볼리비아

'해식원'이라는 이름도 있다.

카니구에랄리의 교배종인 아플라나타
Sulcorebutia canigueralii 'Applanata'
원산지 : 볼리비아

술코레부티아 게로세닐리스
Sulcorebutia gerosenilis
원산지 : 볼리비아

술코레부티아 헬리오소이데스
Sulcorebutia heliosoides
원산지 : 볼리비아

술코레부티아 란게리
Sulcorebutia langeri
원산지 : 멕시코

보주환(寶珠丸)
Sulcorebutia steinbachii
원산지 : 볼리비아 동부

술코레부티아 바스쿠지아나
Sulcorebutia vasqueziana
원산지 : 볼리비아

술코레부티아 풀크라
Sulcorebutia pulchra
원산지 : 볼리비아

술코레부티아 타라부코엔시스
Sulcorebutia tarabucoensis
원산지 : 볼리비아

술코레부티아 타라부코엔시스(철화)
Sulcorebutia tarabucoensis (cristata)

술코레부티아 타라부코엔시스(금)
Sulcorebutia tarabucoensis (variegated)

구형절(球形節)속
Tephrocactus
테프로칵투스속

———

속의 이름은 재를 뜻하는 그리스어인 'tephra'에서 유래하는 것으로, 이 속 선인장들의 거무스름한 몸체의 색상에서 기인한다. 주로 아르헨티나 지역에 자생하며, 약 15종이 포함되어 있다. 부채선인장(*Opuntia*)속에서 분리되었으며, 실생재배와 꺾꽂이 모두 가능하다.

일반적인 형태
이 속이 부채선인장속에서 분리되었던 가장 큰 이유는 마디가 편평했던 부채선인장과는 달리 마디가 동그랗거나 타원형을 이루는 것에 따른다. 가시도 길거나 바늘처럼 예리하거나 종이처럼 보이기도 하는 등 매우 다양하다. 마치 외계에서 온 것처럼 보이는 기묘하고도 기하학적인 형태로 인기가 있는 품종이다. 다양한 색상의 꽃이 피지만 너무 쉽게 마디가 끊어져 재배상태에서는 꽃을 보기가 어렵다.

창무자(槍武者) 또는 테프로칵투스 아오라칸투스
Tephrocactus aoracanthus
원산지 : 아르헨티나

습지야(習志野)
Tephrocactus geometricus
원산지 : 아르헨티나 및 볼리비아

만장전(蠻將殿) 또는 테프로칵투스 알렉산데리
Tephrocactus alexanderi
원산지 : 아르헨티나

무자습지야(無刺習志野)
Tephrocactus geometricus ʻInermisʼ

양귀전(洋鬼殿) 또는 테프로칵투스 모리넨시스
Tephrocactus molinensis
원산지 : 아르헨티나

테프로칵투스 변이종 ʻ칠레시토ʼ
Tephrocactus sp. ʻChilecitoʼ
원산지 : 아르헨티나

백호(白狐) 또는 테프로칵투스 웨베리
Tephrocactus weberi
원산지 : 아르헨티나

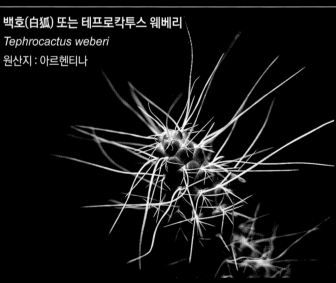

유옥(疣玉)속
Thelocactus
텔로칵투스속

예전에는 금호(*Echinocactus*)속으로 분류되었지만, 지금은 따로 분리되었다. 속의 이름은 그리스어로 젖꼭지를 의미하는 'thele'에서 유래하는 것으로, 유방처럼 솟아오른 결절을 나타내는 것이다. 10종 이상이 존재하며, 대부분 텍사스 주의 치후아후안 사막과 멕시코에 자생한다. 성장은 느리지만 재배가 쉽고 크기가 적당하며 꽃을 쉽게 피워서 인기를 얻고 있는 선인장이다.

일반적인 형태
줄기는 원통형 또는 구형이며, 줄기 표면은 푸른빛이 도는 회색 또는 녹색이다. 결절이 융기되어있고, 혹 겨드랑이에 흰 솜털이 붙기도 한다. 단단한 가시에는 곧은 가시 타입과 굽은 가시 타입이 존재한다. 통상적으로는 단간이고, 일부 종만이 자구를 만들어 군생한다. 화려하고 커다란 꽃은 정수리 부분에서 낮에 핀다. 꽃의 색은 분홍색, 흰색 또는 크림색이다.

대통령(大統領)
Thelocactus bicolor
원산지 : 미국 및 멕시코

춘우옥(春雨玉)
Thelocactus bicolor subsp. *schwarzii*
원산지 : 멕시코

대통령의 아종이다.

무자대통령(無刺大統領)
Thelocactus bicolor `Inermis`

대통령과 능열환(凛烈丸) 사이의 교배종
Thelocactus bicolor X
Thelocactus rinconensis

천황(天晃)

Thelocactus hexaedrophorus

원산지 : 멕시코

예전에는 비관룡(*Thelocactus fossulatus*)이라는 학명이었지만, 지금은 천황으로 통칭해서 불린다. 다양하게 금이 든 형태가 존재한다.

다색옥(多色玉)

Thelocactus heterochromus

원산지 : 멕시코

무자영(武者影) 또는 텔로칵투스 로이디

Thelocactus hexaedrophorus subsp. *lloydii*

원산지 : 멕시코

능열환(凜烈丸) 또는 텔로칵투스 린코넨시스
Thelocactus rinconensis
원산지 : 멕시코

능열환의 아종인 멀티케팔투스
Thelocactus rinconensis subsp.
multicephalus
원산지 : 멕시코

능열환의 아종인 프라우덴베르게리
Thelocactus rinconensis subsp.
freudenbergeri
원산지 : 멕시코

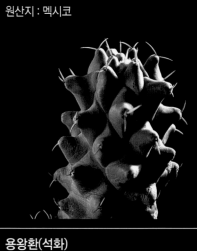

용왕환(龍王丸)
Thelocactus setispinus

용왕환(금)
Thelocactus setispinus (variegated)

용왕환(석화)
Thelocactus setispinus (monstrose)

교려환(嬌麗丸)속

Turbinicarpus

투르비니카르푸스속

———

속의 이름은 꼿꼿하게 서있는 몸체라는 뜻을 가진 2개의 라틴어 `turbinatus`와 `carpos`를 합성해서 지어졌다. 멕시코의 중북부 지역에서만 자생하는 소형 선인장이며, 재배가 쉽고 꽃을 잘 피우고 특이한 모양새를 갖는다는 이유로 재배가들로부터 많은 인기를 얻고 있다.

일반적인 형태

양분을 저장하기 위한 작은 괴근을 가진다. 대체로 단구이며, 결절은 돌기 모양으로 융기되어있다. 가시의 형상은 위를 향해 활 모양으로 굽은 것, 둥글게 말린 것, 쭉 곧은 것 등, 종에 따라서 다양하다. 꽃은 낮에 정수리에서 핀다. 개화일수는 1~2일이다. 크기는 줄기에 비해 꽤 크고, 꽃의 색은 흰색, 노란색 또는 분홍색이다.

흑창옥(黑槍玉)
Turbinicarpus gielsdorfianus

투르비니카르푸스 아론소이
Turbinicarpus alonsoi

투르비니카르푸스 아론소이(금)
Turbinicarpus alonsoi (variegated)

투르비니카르푸스 아론소이(철화)
Turbinicarpus alonsoi (cristata)

투르비니카르푸스 아론소이(철화·금)
Turbinicarpus alonsoi (cristata & variegated)

백낭옥(白狼玉)
Turbinicarpus beguinii

미침옥(美針玉)의 아종이다.

홍매전(紅梅殿)
Turbinicarpus horripilus

투르비니카르푸스 라우이
Turbinicarpus laui

교려환(絞麗丸)
Turbinicarpus lophophoroides

동운(冬雲)
Turbinicarpus jauernigii

동운의 교배종(금)
Turbinicarpus jauernigii hybrid (variegated)

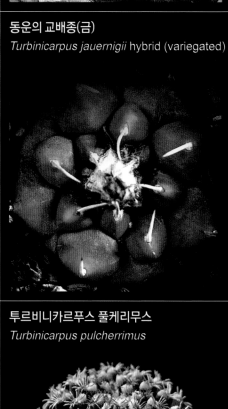

오환(烏丸)
Turbinicarpus polaskii

오환(금)
Turbinicarpus polaskii (variegated)

투르비니카르푸스 풀케리무스
Turbinicarpus pulcherrimus

장성환(長城丸)의 아종인 미니무스
Turbinicarpus pseudomacrochele subsp. *minimus*

장성환(석화)
Turbinicarpus pseudomacrochele
(monstrose)

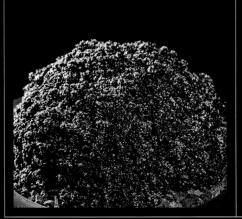

무성환(蕪城丸)
Turbinicarpus pseudomacrochele subsp.
krainzianus

장성환의 아종이다.

예전에는 정패성(征霸城)이라 불렀지만, 현재는 무
성환으로 통한다.

금이 든 정교전(精巧殿)의 교배종
Turbinicarpus pseudopectinatus hybrid (variegated)

정교전
Turbinicarpus pseudopectinatus

무자정교전
Turbinicarpus pseudopectinatus `Ìnermis`

선경(仙境) 또는 투르비니카르푸스 사우에리
Turbinicarpus saueri

승용환(昇龍丸)
Turbinicarpus schmiedickeanus

가시 모양이 변화무쌍한 종이다. 예전에는 여러 종으로 분류되어 있었지만. 모두 폐지되어 아종으로 취급하게 되었다. 현재는 8개의 아종이 존재하며, 이들은 각각의 종류마다 자생지와 형태가 다르다.

승용환의 아종인 안더소니
Turbinicarpus schmiedickeanus subsp. *andersonii*

승용환의 아종인 모성환(暮城丸)
Turbinicarpus schmiedickeanus subsp. *bonatzii*

황화승용환(黃花昇龍丸)
Turbinicarpus schmiedickeanus subsp. *flaviflorus*

섬승용환(纖昇龍丸)
Turbinicarpus schmiedickeanus subsp. *gracilis*

승운용(昇雲龍)
Turbinicarpus schmiedickeanus subsp. *klinkerianus*

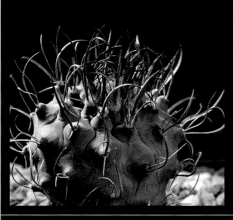

승용환의 아종인 아성환(牙城丸)
Turbinicarpus schmiedickeanus subsp. *macrochele*

아성환의 품종 중 하나인 '닥터 아로요'
Turbinicarpus schmiedickeanus subsp. *macrochele* 'Dr. Arroyo'

아성환의 품종 중 하나인 '프라일렌시스'
Turbinicarpus schmiedickeanus subsp. *macrochele* 'Frailensis'

이성환(離城丸)
Turbinicarpus schmiedickeanus subsp. *rioverdensis*

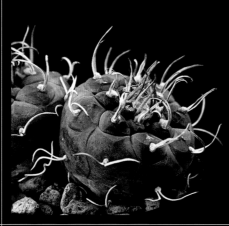

오성환(烏城丸)
Turbinicarpus schmiedickeanus subsp. *schwarzii*

오성환(철화)
Turbinicarpus schmiedickeanus subsp. *schwarzii* (cristata)

승용환의 품종 중 하나인 '마이사키'
Turbinicarpus schmiedickeanus 'Mysakii'

선경(仙境)의 아종인 이사벨라에
Turbinicarpus saueri subsp. *ysabelae*

선경(仙境)의 아종인 백호(白琥)
Turbinicarpus saueri subsp. *knuthianus*

투르비니카르푸스 교배종 ‘T-16’(금)
Turbinicarpus sp. ‘TU-16’ (variegated)

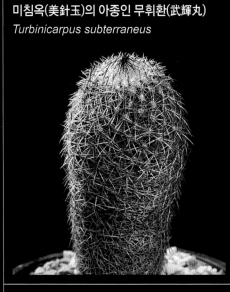

미침옥(美針玉)의 아종인 무휘환(武輝丸)
Turbinicarpus subterraneus

안길환(安吉丸)
Turbinicarpus swobodae

미침옥(美針玉)의 아종인 자라고제
Turbinicarpus zaragozae

해홍(海虹)
Turbinicarpus viereckii

장미환(薔薇丸)
Turbinicarpus valdezianus

이 종은 하얀 꽃이 피는 종류이며, 백화장미환으로 불리기도 한다.

장미환(철화)
Turbinicarpus valdezianus (cristata)

장미환(금)
Turbinicarpus valdezianus (variegated)

해홍(海虹) 교배종
Turbinicarpus viereckii hybrid

해홍 교배종(금)
Turbinicarpus viereckii hybrid (variegated)

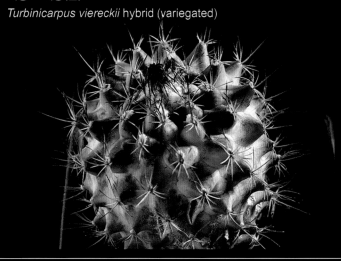

373

즐극환(櫛極丸)속
Uebelmannia
유벨마니아속

속의 이름은 스위스의 선인장 수집가인 베르너 우에벨만(Werner Uevelmann)에게 경의를 표하기 위해 지어졌다. 그는 이 속 선인장에 대한 현지 조사를 한 레오폴드 홀스트(Leopold Horst)에게 재정지원을 했던 사람이다. 브라질에서만 자생하는 이 속 선인장들은 통풍이 잘 되고 일조량이 안정된 장소를 선호한다. 습도가 너무 높으면 표피에 녹병균이 감염되기 쉬워서 재배에 다소 까다로움이 있다.

일반적인 형태
줄기는 구형이며 단구이다. 표피는 꽤 까칠까칠하다. 가시는 능을 따라 가지런히 늘어서있다. 머리 부분의 솜털이 있는 곳에서 작은 꽃이 피어난다. 꽃의 색은 노란색이다. 종자는 구형 또는 계란형이며, 검정색 또는 갈색을 띤다. 성장이 매우 느리다.
* 즐극환의 '즐'은 '머리빗는 빗'을 의미한다.

패극환(貝極丸)
Uebelmannia buiningii

유벨마니아 메니넨시스
Uebelmannia meninensis

같은 속인 유벨마니아 구미페라(*Uebelmannia gummifera*)의 아종이다.

즐극환(금)
Uebelmannia pectinifera (variegated)

즐극환(櫛極丸)
Uebelmannia pectinifera

브라질 미나스 제라이스(Minas Gerais) 주의 해발 650~1,350m 정도의 제한된 범위 내에서만 발견되며, 야생에서는 멸종이 우려되고 있다. 검게 윤이 나는 가시가 능선을 따라 정렬한 모습은 마치 큰 빗 같으며, 녹색 또는 자색의 줄기 표면에 가시가 비쳐 보인다. 이 종은 1967년에 발견되자마자 순식간에 인기종이 되어 전 세계 재배가들 사이에 확산되었다. 시장의 수요가 계속 증가한 결과, 야생멸종의 위험에 빠뜨리는 한 가지 원인이 되었다. 그러나 이외에도 농업 개발에 따른 자생림의 파괴, 삼림 화재, 들쥐에 의한 침해, 현지 주민이 전통과자의 재료로 이용하고 있는 등, 복합적인 요인들이 존재한다.

즐극환(철화)
Uebelmannia pectinifera (cristata)

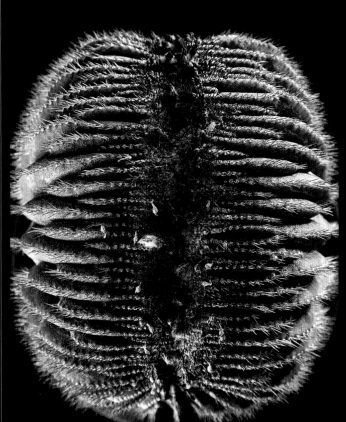

황자즐극환(黃刺櫛極丸)
Uebelmannia pectinifera subsp. *flavispina*

수교즐극환(樹膠櫛極丸)
Uebelmannia gummifera

황금자즐극환(黃金刺櫛極丸)
Uebelmannia pectinifera subsp. *eriocactoides*

즐극환의 아종으로 가시가 황금색인 품종이다.

황금자즐극환(철화)
Uebelmannia pectinifera subsp.
eriocactoides (cristata)

화립환(花笠丸)속

Weingartia
웨인가르티아속

———

★레부티아속에 통합

이 속의 이름은 독일의 식물학자인 빌헬름 웨인가르트(Wilhelm Weingart)의 이름을 따라 지어졌다. 현재는 레부티아속에 통합되었다.

일반적인 형태
둥근 단구 형태의 줄기를 가지며, 자구를 만들면서 작은 관목 형태를 이룬다. 줄기의 윗부분에서 피어나는 작은 꽃은 노란색 또는 빨간색이다. 열매는 계란형이며 작다. 색은 옅은 녹색 혹은 거무스름한 녹색이며, 익으면 색감이 짙어지거나 빨간색으로 변한다.

웨인가르티아 카르글리아나
Weingartia kargliana
원산지 : 볼리비아

화식옥(花飾玉)
Weingartia fidaiana
원산지 : 볼리비아

화전옥(花殿玉)
Weingartia neumanniana
원산지 : 아르헨티나

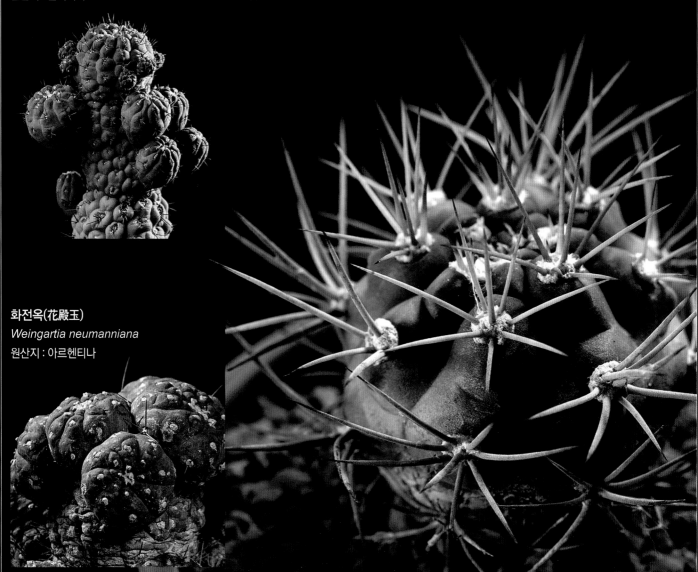

웨인가르티아 라나타
Weingartia lanata
원산지 : 볼리비아

화립환(花笠丸)
Weingartia neocumingii
원산지 : 볼리비아

꽃의 색이 다른 화립환
Weingartia neocumingii

웨인가르티아의 아종
Weingartia sp. `HS-158`

웨인가르티아 교배종
Weingartia hybrid

웨인가르티아 교배종(금)
Weingartia hybrid (variegated)

Wigginsia
위긴시아속

★파로디아속에 통합

속의 이름은 식물학자인 아이라 로렌 위긴스(Ira Loren Wiggins)의 이름을 따라서 지어졌다. 남미 대륙이 원산지로 8종 이상이 존재하지만 지금은 파로디아속으로 통합되었다.

일반적인 형태
줄기는 둥근 단구이며, 분홍색 또는 노란색의 큰 꽃을 정수리에서 피운다. 익은 열매는 녹색에서 분홍색으로, 또는 빨간색으로 색이 변한다. 과피는 평활하다. 속에는 새까맣고 꽤 큰 종자가 들어있다. 자생지에서는 개미와 비에 의존하여 종자를 살포한다.

지구환(地球丸)
Wigginsia erinacea
원산지 : 아르헨티나, 브라질, 우루과이

은과환(隱果丸)속

Yavia
야비아속

———

2001년에 발견된 선인장이다. 아르헨티나 야비(Yavi) 마을의 이름을 따라 속의 이름이 붙여졌으며, 원래는 이 토지에서만 나는 것으로 생각되었다. 그러나 후에 볼리비아의 해발 3,600~3,800m 산 위에도 자생지가 확인되었다. 주위의 모래, 자갈과 비슷한 색조를 띠고 있기 때문에 별로 눈에 띄지 않으며, 간과되는 경우가 많다. 1종으로만 구성된다.

일반적인 형태
단구이며, 수분과 양분을 저장하기 위해 구체를 땅 속으로 묻는다. 가시는 작고 뾰족하지는 않지만 닿으면 아프다. 정수리에서 연분홍색 작은 꽃이 피어난다. 열매 속에는 종자가 조금밖에 없다.

암호(岩虎)
Yavia cryptocarpa
원산지 : 볼리비아 및 아르헨티나

이 종의 열매는 우기에 결실하여 구체 속에 매몰된 채로 존재한다. 그 후, 건기에 체내의 수분을 거의 다 써버려 몸체가 완전히 바짝 말라버리고 난 후에야 모습을 드러낸다. 그렇기 때문에 '감추다' 는 뜻을 가진 종의 이름이 붙여지게 되었다. 태국의 식물시장에 나오는 대부분은 접목을 하여 군생체가 되며, 본래 단구 형태를 띠는 야생 개체와는 다른 모습이 되었다.

다른 속 사이의 교배종
Intergeneric hybrid

이 교배종 선인장들은 색다름을 추구하는 선인장 애호가들의 손에 의해 탄생된 것들이다. 다른 종류의 교배가 시도되지만, 대부분의 경우 유사한 진화를 거친 선인장들 간의 교배가 된다. 이러한 교배종은 개체의 수가 별로 많지 않다.

에키노비비아 웨스트필드 알바
X Echinobivia `Westfield Alba`

단모환속 백단(白檀, *Echinopsis Chamaecereus*)과 로비비아(*Lobivia*)속에 속하는 선인장과의 교배종이다. 이 속은 1개의 꽃다발에서 1~2개의 꽃을 피운다.

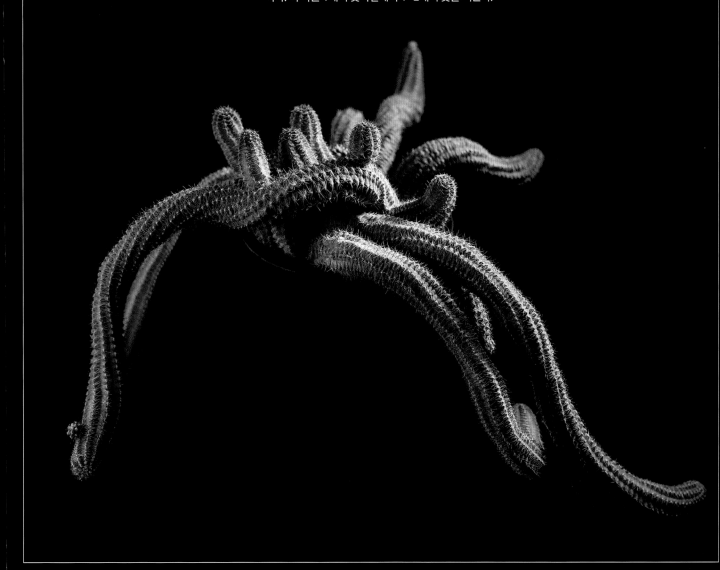

페로베르기아
X Ferobergia hybrid

강자환(*Ferocactus*)속 선인장과 광산(*Leuchtenbergia principis*) 사이의 교배종이다. 서로 다른 속 사이의 교배종 중에서는 상당히 퍼져 있는 종류이지만 구체적으로 어떤 종과의 사이에서 만들어졌는지에 대한 상세한 정보는 없는 경우가 대부분이다. 그렇기 때문에 동일한 페로베르기아 중에서도 다양한 변화가 있다.

페로베르기아(금)
X Ferobergia hybrid (variegated)

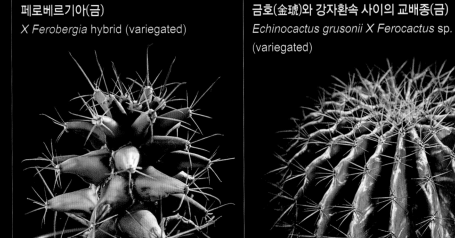

금호(金琥)와 강자환속 사이의 교배종(금)
Echinocactus grusonii X Ferocactus sp.
(variegated)

금호와 강자환속 황채옥(黃彩玉) 사이의 교배종
Echinocactus grusonii X Ferocactus schwarzii

파와폰 수파난타나논 지음. 『선인장과 다육식물 마니아 대집합』 제2쇄. 방콕: 반레수완, 2015
와치라폰 후완부타 지음. 『선인장 · 현화 · 관상식물 개정판』 제2쇄. 방콕: 반레수완, 1997

A-B-C...Alphabetical Index: Complete alphabetical list of cacti and succulents pictures emumerated by genus names. (검색일 2016년 3월 18일)
http:// www.cactus-art.biz/gallery/Photo_gallery_abc_cactus.html

A new species of aztekium (Cactaceae) from Nuevo Léon, Mexico by Carlos Garardo Velazco Marcias, Marco Antonio Alvarado Váazquez and Salvador Arisa Montes. (검색일 2015년 12월 14일)
http://xerophilia.ro/wp-content/uploads/2013/08/ AZTEKIUM - VALDEZII.pdf

Anderson, Edward F. The Cactus family. Portland, Or.: Timber Press, 2001.

Britton, Nathaniel L. and J. N. Rose. The Cactaceae: Descriptions and Illustrations of plants of the cactus family volume 3. New York: Dover Publications, Inc., 1963.

Carnegiea gigantea. (검색일 2015년 11월 28일)
http://www.iucnredlist.org/ details/152495/0

Creating a cactus chimera's; mutations, crested, variegated and lots of other stuff. (검색일 2015년 3월 15일)
http://www.shroomery.org/forums/showflat.php/ Number/16987911/fpart/all/vc/1

Eggli, Urs and Leonard E. Newton. Etymological dictionary of succulent plant names.
New York: Springer-Verlag Berlin Heidelberg, 2004.

Griffith, M. Patrick. The Origins of an important cactus crop, Opuntia ficus-indica (Cactaceae): New molecular evidence. American Journal of Botany. 2004 Nov; 91(11): 1915-21.

Huxley, Anthony Julian. The New royal horticultural society dictionary of gardening. Volume 1-4. London: The Macmillan Press Limited, 1992.

Machado, M., Taylor, N.P. & Braun, P. 2013. Uebelmannia pectinifera.
The IUCN red rist of threatened species. Version 2014. 3. (검색일 2015년 2월 22일)
www.iucnredlist.org

Pavlica, Roman and Sumihiro Saeki. Japanese Hybrid Astrophytum. n.p., 2015.

Plant Names. New York: Soring - Verlag Berlin Heidelberg, 2004.

Preston–Mafham, Ken. 500 Cacti: Species and Varieties in Cultivation.
New York: Firefly Books Limited, 2007.

Sato, Tony and Tsutomu Sato. Astrophytum Handbook vol. 1-4.
Fukushima City: Japan Cactus Planning Press, 1996.

Uebelmannia pectinifera. (검색일 2015년 12월 12일)
http://www.deserttropicals.com/ Plants/Cactaceae/Uebelmannia_pectinifera.html

CACTUS
By Pavaphon Supanantananont
Copyright © 2016 by Amarin Printing and Publishing PLC.
All rights reserved.
Korean language copyright © 2019 Bookers
Korean language edtion arranged with Amarin Printing and Publishing PLC. through Shinwon Agency.

All about CACTUS
선인장 바이블

초판 1쇄 2019년 3월 25일

지은이 파와폰 수파난타나논
옮긴이 김소현
감수 Blue Garden

발행인 전재국
대표   정의선
편집   김주현 | **책임편집** 윤형주 | **디자인** 김주리
마케팅 사공성, 강승덕, 황재아 | **제작** 이기성

발행처 북커스
출판등록 2018년 5월 16일 제406-2018-000054호
주소 경기도 파주시 문발로 171 (문발동, 북씨티)
전화 영업 031-955-6980 편집 031-955-5981
팩스 영업 031-955-6988 편집 031-955-6979

값 40,000원
ISBN 979-11-964319-9-0-03480